技工院校“十四五”规划计算机动画制作专业系列教材
中等职业技术学校“十四五”规划艺术设计专业系列教材

影视特效制作

陈思彤 周敏慧 陈汝鸿 胡文凯 主编
刘索云 刘燕芳 副主编

華中科技大學出版社
http://press.hust.edu.cn
中国·武汉

内容简介

本书主要内容包括影视特效的基本概念、After Effects 的工作界面、素材导入及管理、影片渲染与输出、关键帧动画、遮罩动画、文字动画、蒙版动画、三维图层基本操作、摄像机的基本操作、灯光的使用、常规特效操作、插件特效操作等。本书注重理论学习与实训操作的有效结合，理论知识点由易到难，并配以相应的案例实训到各个任务中，实训操作步骤清晰，让学生系统性学习专业知识，全面提升影视特效制作的能力。

图书在版编目（CIP）数据

影视特效制作 / 陈思彤等主编 . -- 武汉 : 华中科技大学出版社，2024. 8. --（技工院校“十四五”规划计算机动画制作专业系列教材）. -- ISBN 978-7-5772-1204-3

Ⅰ. TP391.413

中国国家版本馆 CIP 数据核字第 202401FW94 号

影视特效制作
Yingshi Texiao Zhizuo

陈思彤　周敏慧
陈汝鸿　胡文凯　主编

策划编辑：金　紫
责任编辑：叶向荣
装帧设计：金　金
责任校对：王亚钦
责任监印：朱　玢
出版发行：华中科技大学出版社（中国·武汉）　电　话：（027）81321913
武汉市东湖新技术开发区华工科技园　邮　编：430223
录　排：天津清格印象文化传播有限公司
印　刷：武汉市洪林印务有限公司
开　本：889mm×1194mm　1/16
印　张：10
字　数：316 千字
版　次：2024 年 8 月第 1 版第 1 次印刷
定　价：59.80 元

技工院校“十四五”规划计算机动画制作专业系列教材
中等职业技术学校“十四五”规划艺术设计专业系列教材
编写委员会名单

总主编

文健，教授，高级工艺美术师，国家一级建筑装饰设计师。全国优秀教师，2008 年、2009 年和 2010 年连续三年获评广东省技术能手。2015 年被广东省人力资源和社会保障厅认定为首批广东省室内设计技能大师，2019 年被广东省教育厅认定为建筑装饰设计技能大师。中山大学客座教授，华南理工大学客座教授，广州大学建筑设计研究院室内设计研究中心客座教授。出版艺术设计类专业教材 120 种，拥有具有自主知识产权的专利技术 130 项。主持省级品牌专业建设、省级实训基地建设、省级教学团队建设 3 项。主持 100 余项室内设计项目的设计、预算和施工，项目涉及高端住宅空间、办公空间、餐饮空间、酒店、娱乐会所、教育培训机构等，获得国家级和省级室内设计一等奖 5 项。

合作编写单位

（1）合作编写院校

广州市工贸技师学院
佛山市技师学院
广东省交通城建技师学院
广东省轻工业技师学院
广州市轻工技师学院
广州白云工商技师学院
广州市公用事业技师学院
山东技师学院
江苏省常州技师学院
广东省技师学院
台山敬修职业技术学校
广东省国防科技技师学院
广州华立学院
广东省华立技师学院
广东花城工商高级技工学校
广东岭南现代技师学院
广东省岭南工商第一技师学院
阳江市第一职业技术学校
阳江技师学院
广东省粤东技师学院
惠州市技师学院
中山市技师学院
东莞市技师学院
江门市新会技师学院
台山市技工学校
肇庆市技师学院
河源技师学院
广州市蓝天高级技工学校
茂名市交通高级技工学校
广州城建技工学校
清远市技师学院
梅州市技师学院
茂名市高级技工学校
汕头技师学院
广东省电子信息高级技工学校
东莞实验技工学校
珠海市技师学院
广东省机械技师学院
广东省工商高级技工学校
深圳市携创高级技工学校
广东江南理工高级技工学校
广东羊城技工学校
广州市从化区高级技工学校
肇庆市商业技工学校
广州造船厂技工学校
海南省技师学院
贵州省电子信息技师学院
广东省民政职业技术学校
广州市交通技师学院
广东机电职业技术学院
中山市工贸技工学校
河源职业技术学院

（2）合作编写组织

广州市赢彩彩印有限公司
广州市壹管念广告有限公司
广州市璐鸣展览策划有限责任公司
广州波镨展览设计有限公司
广州市风雅颂广告有限公司
广州质本建筑工程有限公司
广东艺博教育现代化研究院
广州正雅装饰设计有限公司
广州唐寅装饰设计工程有限公司
广东建安居集团有限公司
广东岸芷汀兰装饰工程有限公司
广州市金洋广告有限公司
深圳市千千广告有限公司
广东飞墨文化传播有限公司
北京迪生数字娱乐科技股份有限公司
广州易动文化传播有限公司
广州市云图动漫设计有限公司
广东原创动力文化传播有限公司
菲逊服装技术研究院
广州市珈钰服装设计有限公司
佛山市印艺广告有限公司
广州道恩广告摄影有限公司
佛山市正和凯歌品牌设计有限公司
广州泽西摄影有限公司
Master 广州市熳大师艺术摄影有限公司

序言

习近平总书记在二十大报告中提出，推进文化自信自强，铸就社会主义文化新辉煌，全面建设社会主义现代化国家，必须坚持中国特色社会主义文化发展道路，增强文化自信，围绕举旗帜、聚民心、育新人、兴文化、展形象建设社会主义文化强国。

技工教育和中职中专教育是中国职业技术教育的重要组成部分，主要承担培养高技能产业工人和技术工人的任务。随着“中国制造 2025”战略的逐步实施，建设一支高素质的技能人才队伍是实现规划目标的必备条件。如今，国家对职业教育越来越重视，技工和中职中专院校的办学水平已经得到很大的提高，进一步提高技工和中职中专院校的教育、教学和实训水平，提升学生的职业技能，弘扬和培育工匠精神，已成为技工院校和中职中专院校的共同目标。而高水平专业教材建设无疑是技工院校和中职中专院校教育特色发展的重要抓手。

本套规划教材以国家职业标准为依据，以综合职业能力培养为目标，以典型工作任务为载体，以学生为中心，根据典型工作任务和工作过程设计教学项目和学习任务。同时，按照工作过程和学生自主学习的要求进行内容设计，实现理论教学与实践教学合一、能力培养与工作岗位对接合一、实习实训与顶岗工作合一。

本套规划教材的特色在于，在编写体例上与技工院校倡导的“教学设计项目化、任务化，课程设计教、学、做一体化，工作任务典型化，知识和技能要求具体化”紧密结合，体现任务引领实践的课程设计思想，以典型工作任务和职业活动为主线设计教材结构，以职业能力培养为核心，将理论教学与技能操作相融合作为课程设计的抓手。本套规划教材在理论讲解环节做到简洁实用、深入浅出；在实践操作训练环节体现以学生为主体的特点，创设工作情境，强化教学互动，让实训的方式、方法和步骤清晰，可操作性强，并能激发学生的学习兴趣，促进学生主动学习。

本套规划教材由全国 50 余所技工院校和中职中专院校广告设计专业共 60 余名一线骨干教师与 20 余家广告设计公司一线广告设计师联合编写。校企双方的编写团队紧密合作，取长补短，建言献策，让本套规划教材更加贴近专业岗位的技能需求，也让本套规划教材的质量得到了充分的保证。衷心希望本套规划教材能够为我国职业教育的改革与发展贡献力量。

技工院校“十四五”规划计算机动画制作专业系列教材
中等职业技术学校“十四五”规划艺术设计专业系列教材　总主编

教授 / 高级技师　文健

2023 年 1 月

前言

After Effects 是 Adobe 公司推出的影视编辑软件，拥有功能强大的视频编辑和动画制作工具，其特效功能广泛应用于影视后期处理、电视节目包装、动画等诸多领域。随着影视制作技术的快速发展，特效在影视创作中运用得越来越多，特效技术越来越受到影视制作行业的关注。因此本教材组织了多所技工院校有着丰富教学成果和实践经验的教师，以及影视制作公司的设计师联合编写，使读者能够学习到影视特效制作的技术。

本教材由五个实训项目组成，按课程标准的要求运用 After Effects 软件结合项目进行一体化实训教学，知识点循环渐进，结构清晰，案例示范步骤清晰。项目一为初识 After Effects，主要介绍了影视特效的基本概念、After Effects 的工作界面、素材导入及管理、影片渲染与输出；项目二至项目五通过多个实训案例详细讲解了关键帧动画、遮罩动画、文字动画、蒙版动画、三维空间动画、常规特效操作、插件特效操作等内容。本教材在编写上与技工院校倡导的教学设计项目化、任务化，课程设计教、学、做一体化，工作任务典型化，知识和技能要求具体化等紧密结合，帮助读者厘清学习脉络，抓住项目学习重点。本教材注重训练读者的技能操作和创作水平，在教材的每个项目和学习任务中均有相匹配的实训练习，图文并茂，讲解清晰，可操作性强。

本教材内容丰富、全面，符合中等职业院校、技工院校学情特征，易学易教，可以作为中等职业院校和技工院校动画设计专业影视特效制作课程专业教材使用，也可以作为广大影视特效制作爱好者的自学用书，还可供各类影视动画培训机构使用。由于编者水平有限，本书在编写过程中难免有疏漏之处，恳请各位影视特效的教育专家、同行和广大读者给予批评指正。

陈思彤

2024 年 4 月

课时安排（建议课时 44）

项目	课程内容	课时	
项目一 初识 After Effects	学习任务一　影视特效的基本概念	1	6
	学习任务二　After Effects 的工作界面	1	
	学习任务三　素材导入及管理	2	
	学习任务四　影片渲染与输出	2	
项目二 After Effects 基本操作	学习任务一　关键帧动画	4	12
	学习任务二　遮罩动画	2	
	学习任务三　文字动画	2	
	学习任务四　蒙版动画	4	
项目三 三维空间动画	学习任务一　三维图层基本操作	2	6
	学习任务二　摄像机的基本操作	2	
	学习任务三　灯光的使用	2	
项目四 常规特效操作	学习任务一　闪电特效	4	8
	学习任务二　水波纹特效	4	
项目五 插件特效操作	学习任务一　Particular（粒子）滤镜	4	12
	学习任务二　Shine(光）滤镜	4	
	学习任务三　3D Stroke（3D 描边）滤镜	4	

目录

项目一 初识 After Effects

学习任务一 影视特效的基本概念 002
学习任务二 After Effects 的工作界面 006
学习任务三 素材导入及管理 013
学习任务四 影片渲染与输出 019

项目二 After Effects 基本操作

学习任务一 关键帧动画 026
学习任务二 遮罩动画 038
学习任务三 文字动画 045
学习任务四 蒙版动画 055

项目三 三维空间动画

学习任务一 三维图层基本操作 068
学习任务二 摄像机的基本操作 079
学习任务三 灯光的使用 087

项目四 常规特效操作

学习任务一 闪电特效 098
学习任务二 水波纹特效 107

项目五 插件特效操作

学习任务一 Particular（粒子）滤镜 120
学习任务二 Shine(光)滤镜 127
学习任务三 3D Stroke（3D 描边）滤镜 139

参考文献 150

学习任务一　影视特效的基本概念

学习任务二　After Effects 的工作界面

学习任务三　素材导入及管理

学习任务四　影片渲染与输出

影视特效的基本概念

教学目标

（1）专业能力：了解 After Effects 的应用领域，以及影视后期特效的价值和作用。

（2）社会能力：关注并收集利用 After Effects 制作的作品，能灵活运用所学的知识分析经典案例作品。

（3）方法能力：资料搜集能力、案例作品分析能力。

学习目标

（1）知识目标：了解 After Effects 的应用领域。

（2）技能目标：了解 After Effects 软件的用途，掌握影视制作基础知识。

（3）素质目标：能清晰表达 After Effects 作品的设计思路，具备一定的语言表达能力。

教学建议

1. 教师活动

（1）教师通过展示课前准备的案例视频，让学生对 After Effects 的应用领域有一定的了解。

（2）运用教学课件等多种教学手段，讲授 After Effects 软件的学习要点。

（3）教师通过展示案例视频，让学生感受如何从日常生活和各类案例作品中寻找灵感，为学生以后的实战演练练习提供设计构思。

2. 学生活动

（1）构建有效促进学生自主学习的教学模式，学会自我思考，提高自主学习能力。

（2）进行课堂讨论，加深对知识点的理解，训练自身的语言表达能力和沟通协调能力。

一、学习问题导入

各位同学，大家好！在学习 After Effects 之前，同学们对这个软件的了解可能还停留在视频特效的领域，其实 After Effects 还有其他广泛的应用领域。在学习 After Effects 之前，应该先了解一下 After Effects 的软件特点及应用领域，让刚开始学习的同学更有效率地应用 After Effects。下面同学们先看两张图。如图 1-1 所示，大家说说电视栏目的这个画面是不是由 After Effects 合成的。如图 1-2 所示，影视广告的这个画面是不是由 After Effects 制作的？那么接下来我们介绍 After Effects 的几大应用领域。

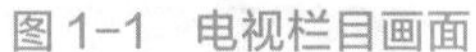

图 1-1　电视栏目画面

图 1-2　影视广告画面

二、学习任务讲解

1. After Effects 概述

Adobe 公司在图形图像、视频等领域都有雄厚的技术基础。After Effects 简称“AE”，是由 Adobe 公司开发的一款动态图形和视觉特效制作软件。

After Effects 拥有功能强大的视频编辑和动画制作工具，其是制作动态影视作品不可缺少的辅助软件。After Effects 可以对多层的合成图像进行编辑，制作出许多吸引观众眼球的动态特效，可以创建影片字幕、片头片尾和过渡，并且还可以与众多二维和三维软件无缝衔接制作出合成效果。目前 After Effects 是在国内外广泛使用的视频合成软件，备受影视后期制作和动画设计人员的喜爱，像《钢铁侠》《加勒比海盗》《复仇者联盟》等大片都曾使用 After Effects 制作各种特效，如图 1-3 ~ 图 1-5 所示。

图 1-3　《钢铁侠》片段

图 1-4　《加勒比海盗》片段

图 1-5　《复仇者联盟》片段

2. After Effects 的应用领域

随着互联网技术和 After Effects 产品的发展，After Effects 的应用领域越来越广泛。日常生活中大家会遇到很多使用 After Effects 制作的视频。下面我们来学习一下这个软件的主要应用领域。

（1）动态图形制作。

动态图形的英文全称为 motion graphics，简称“MG 动画”。动态图形制作介于平面设计和动画制作之间，这里的“图形”不仅是几何图形，而且是一种融合了图形设计与影视动画的语言，包含了动画、影像等多种元素。

动态图形制作在视觉表现上使用的是基于平面设计的原理，在技术上使用的是融合了影视动画制作的方法。动态图形制作时不仅在静态的图形上融入动画技术并使之动起来，而且将静态的文字、图形、图像以及声音等元素与时间、运动结合起来。运用 After Effects 强大的功能，可以制作出丰富多样的动态图形效果，从而在动态媒介上进行展示，如图 1-6 所示。动态图形制作主要应用在节目包装、动态标志、展览展示、商业广告和影视片头等领域。

图 1-6　动态图形

（2）视频包装制作。

视频包装制作主要应用在影视剧片头片尾、企业宣传片、电视栏目、商业广告等项目中。如图 1-7 ~ 图 1-9 所示，综艺节目《中餐厅》《向往的生活》《王牌对王牌》等的片头片尾、影片字幕和片段中的动态展示等都属于视频包装，运用 After Effects 的视频编辑和动画制作工具来创建字幕、片头片尾和过渡，还利用关键帧或表达式将任意素材转化为动画，渲染充满活力的画面效果，从而很好地完成视频包装任务。

图 1-7　《中餐厅》片段

图 1-8　《向往的生活》片段

图 1-9　《王牌对王牌》片段

（3）视觉特效制作。

运用 After Effects 强大的视频特效编辑工具，可以模拟多种常见的自然现象，如火焰、下雨、闪电、大雪等多种令人震撼的特殊效果，把自然现象的主要特征和运动细节形象生动地表现出来，使画面效果逼真。近年热门的科幻大片如《头号玩家》《蜘蛛侠》《速度与激情》等，都运用 After Effects 制作出具有视觉冲击力的画面，实现利用摄像机无法拍摄到的视觉效果，如图 1-10 所示。After Effects 还可以创建 VR 视频，向观众展示 360 度全景镜头，让观众沉浸其中。

图 1-10　《蜘蛛侠》片段

三、学习任务小结

通过本次任务的学习，同学们已经初步认识了 After Effects 软件的特点，了解到 After Effects 适用于电视栏目包装、影视广告制作、三维动画合成以及影视剧特效合成等领域，是 CG（computer graphics）行业中不可缺少的一个重要工具。通过 After Effects 制作的视频作品在日常生活中随处可见，课后同学们可以仔细观察生活中有哪些视频案例是通过 After Effects 制作的。下次课请同学们以小组形式展示自己搜集的几个不同应用领域的视频作品。在这里，老师展示一些优秀案例作品作为参考，如图 1-11 ~ 图 1-13 所示。

图 1-11　优秀案例作品（1）

图 1-12　优秀案例作品（2）

图 1-13　优秀案例作品（3）

四、课后作业

（1）每位同学在网上搜集 5 个使用 After Effects 制作的视频作品，这 5 个作品需要展示 After Effects 不同的应用领域。

（2）2 人为一组，合作制作 PPT，介绍搜集到的 5 个视频作品，时间控制在 5 分钟以内。

After Effects 的工作界面

教学目标

（1）专业能力：熟悉 After Effects 的工作界面，掌握 After Effects 工作界面的基本操作方法。

（2）社会能力：能根据工作需要移动和重新组合工作区的工具箱和面板。

（3）方法能力：资料搜集能力、案例作品分析能力、提炼和应用能力。

学习目标

（1）知识目标：了解 After Effects 的工作界面，熟悉工作区的布局。

（2）技能目标：掌握 After Effects 工作界面的基本操作，可以根据需要自定义工作区。

（3）素质目标：具备一定的语言表达能力，培养综合职业能力。

教学建议

1. 教师活动

（1）教师通过介绍 After Effects 常用的工作界面，让学生对工作界面有一定的认识和了解。

（2）运用教学课件等多种教学手段，讲授 After Effects 工作界面的基本操作要点。

（3）教师对工作界面进行自定义操作示范，让学生直观地理解操作方法，并指导学生根据需要或操作习惯自定义工作区。

2. 学生活动

（1）构建有效促进学生自主学习的教学模式，激发学生自主学习和研究 After Effects。

（2）学生根据操作习惯自定义工作区，并反复练习，熟悉工作区的布局，教师巡回指导。

一、学习问题导入

各位同学，大家好！在上一个任务的学习中，同学们初步认识了 After Effects 软件的基本知识。接下来我们一起来了解 After Effects 的工作界面，学习如何操作 After Effects 工作界面并根据操作习惯移动和重新组合工作区，让同学们更好地深入学习和掌握 After Effects 软件的知识，为后面的学习打下坚实的基础。After Effects 工作界面包含哪些内容呢？我们怎么重新组合工作区呢？下面将为同学们做详细的介绍。

二、学习任务讲解

1. 工作界面

启动 After Effects 后进入欢迎界面，在欢迎界面单击【关闭】按钮即可进入 After Effects 的工作界面，如图 1-14 所示。工作界面主要由菜单栏、【工具】面板、【项目】面板、【合成】预览窗口、【时间线】面板、【浮动】面板等组成。下面详细介绍常用工作界面。

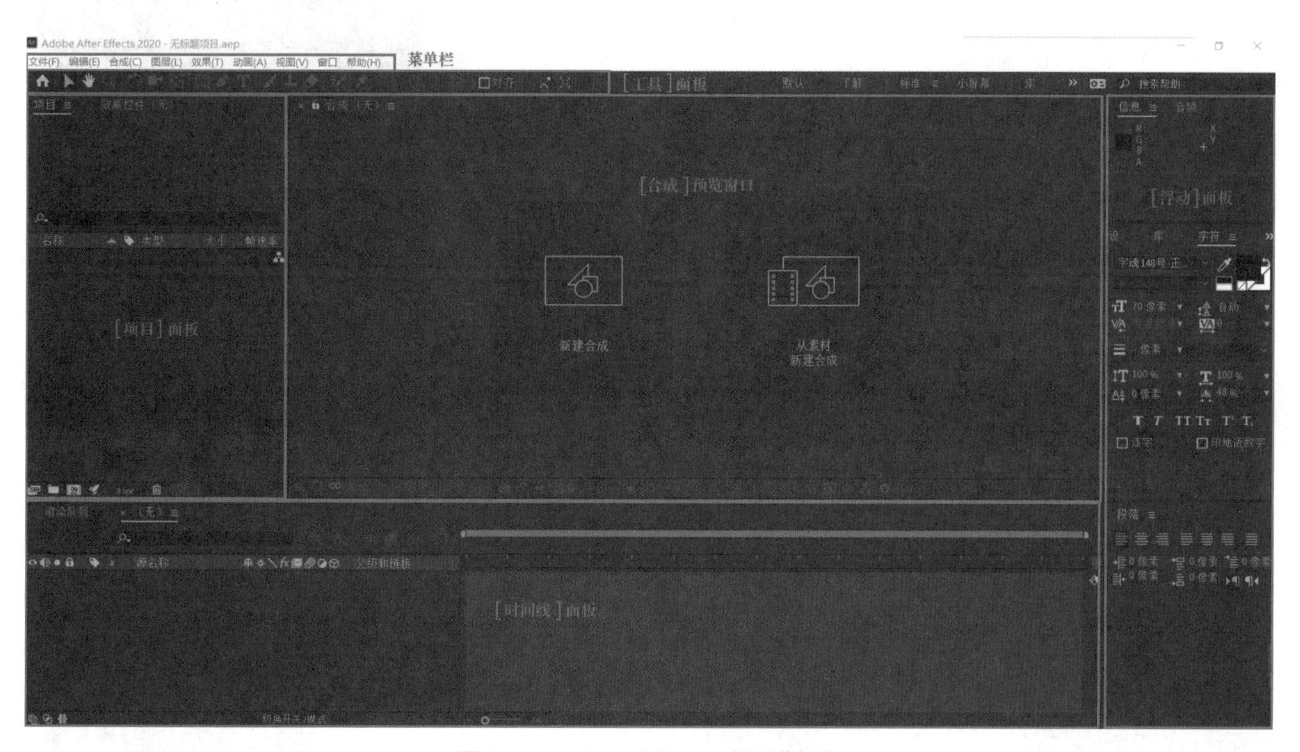

图 1-14　After Effects 的工作界面

（1）菜单栏。

【菜单栏】几乎包含了软件的全部功能和命令操作。After Effects 提供了 9 个菜单，分别为文件、编辑、合成、图层、效果、动画、视图、窗口和帮助，如图 1-15 所示。

文件(F)　编辑(E)　合成(C)　图层(L)　效果(T)　动画(A)　视图(V)　窗口　帮助(H)

图 1-15　菜单栏

（2）【工具】面板。

【工具】面板包括了多种编辑工具，如图 1-16 所示。这些工具可以对合成文件进行选择、移动、缩放和旋转等操作。有些工具按钮在其右下角有三角标记，说明含有多重工具选项，比如在矩形工具上单击鼠标左键，会展开新的工具选项，可以创建任意形状的图形。

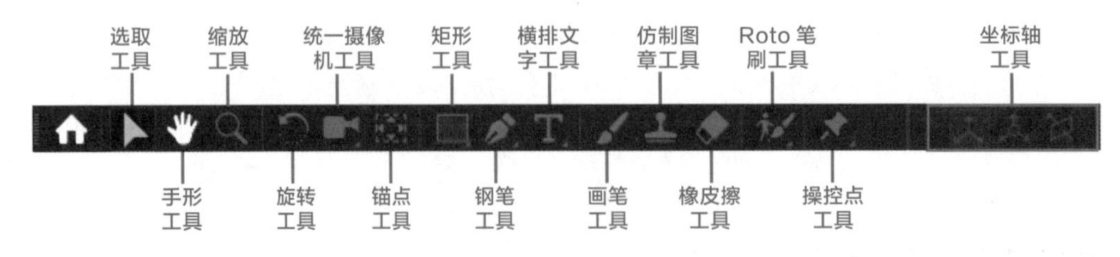

图 1-16 【工具】面板

（3）【项目】面板。

【项目】面板可以找到导入 After Effects 的素材文件、创建的合成文件和图层等，还可以看到每个文件的类型、大小、帧速率和文件路径等，并且在选中某一个文件时，项目面板上会显示文件对应的缩略图和属性，如图 1-17 所示。

图 1-17 【项目】面板

（4）【合成】预览窗口。

【合成】预览窗口具有预览功能，可以预览时间线上的素材合成画面，还可以管理素材并调整素材的像素长宽比、通道模式、位置等属性，还具有缩放窗口比例、调整标尺和图层线框等操作功能，如图 1-18 所示。

（5）【时间线】面板。

【时间线】面板分为时间线区和图层区两个部分，如图 1-19 所示。把素材添加到【时间线】面板中，素材以图层的形式显示，并以时间为基础进行操作，可以设置素材的位置、时间、特效和属性等，还可以调整图层的顺序和利用素材制作关键帧动画。

图 1-18 【合成】预览窗口

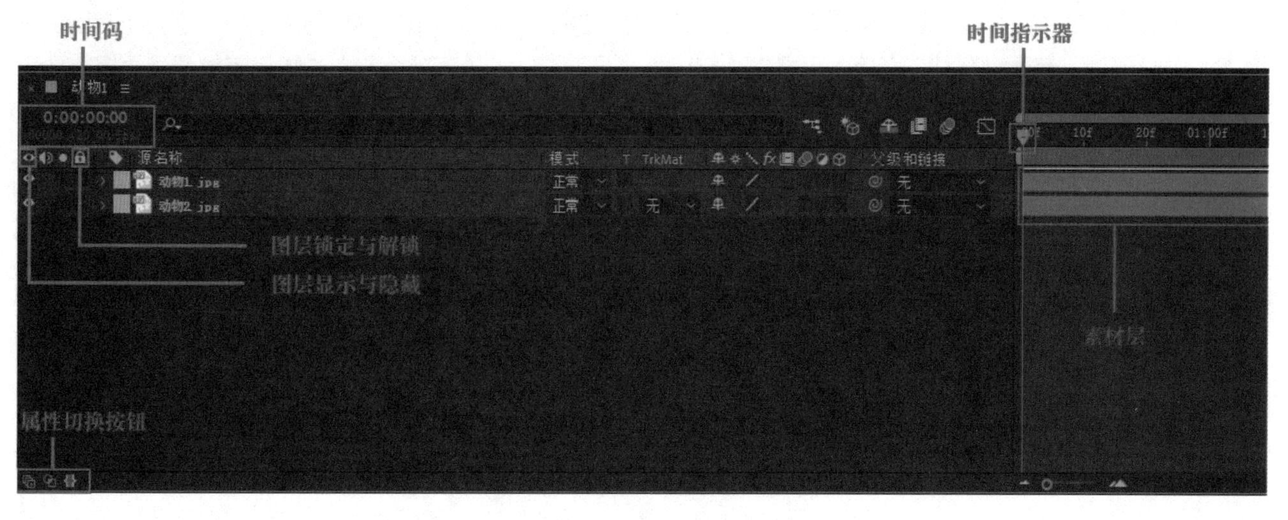

图 1-19 【时间线】面板

（6）【浮动】面板。

【浮动】面板默认模式包含了信息、音频、预览、效果和预设等多个面板。

2. 自定义工作区

After Effects 软件的工作界面很灵活，为用户提供了自定义工作区，用户可以根据工作需要或操作习惯对工作区面板的位置进行调整，具体操作步骤如下。

步骤一：在 After Effects 工作界面的【菜单栏】中点击 【窗口】找到【工作区】，【工作区】的子菜单有 15 种预设的工作区布局方案，用户可以根据需要来进行选择，如图 1-20 所示。另外，单击工作界面右上部的快捷按钮也可以改变工作区布局，如图 1-21 所示。

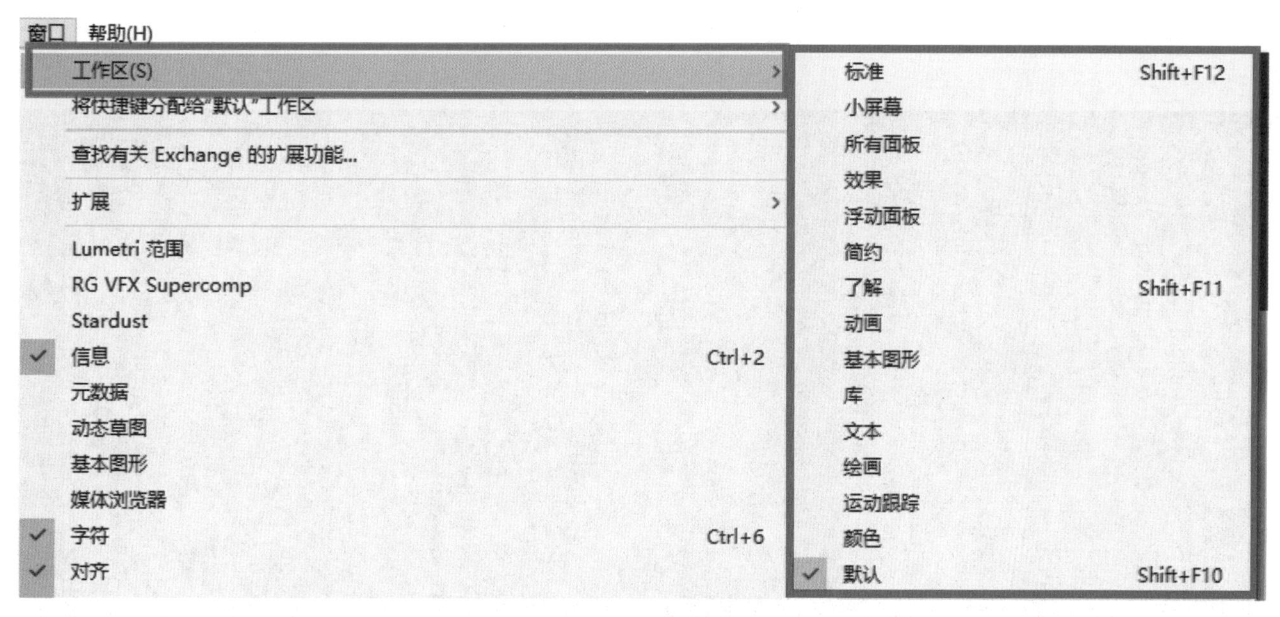

图 1-20 打开工作区

图 1-21 选择标准

步骤二：若要关闭某个面板，可以单击该面板标签旁的按钮，在弹出的菜单列表中单击【关闭面板】命令即可关闭面板。若要打开某个面板，可以在【窗口】的【工作区】子菜单中单击选择相应的预设面板，命令左侧显示✓即可打开面板，如图1-22所示。

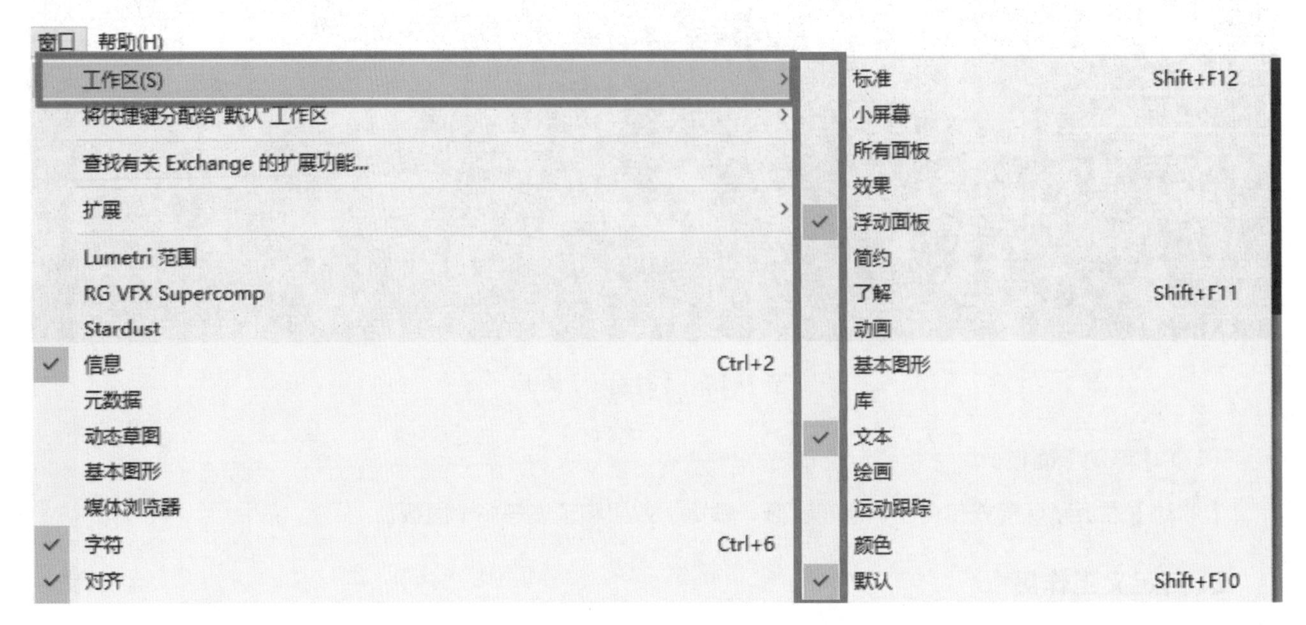

图1-22　打开面板

步骤三：若要移动某个面板的位置，可以在该面板标签上按住鼠标左键进行拖动，将该面板拖到其他面板的上、下、左、右侧放开鼠标即可移动面板。

步骤四：若要改变某个面板的宽度或高度，可以把鼠标移到两个相邻面板边界的空隙处，此时鼠标指针会呈分隔或形状，然后按住鼠标左键进行左右或上下拖动即可改变面板宽度或高度，如图1-23、图1-24所示。

图1-23　改变面板的宽度和高度（1）

步骤五：若想将工作界面恢复为默认原始状态，可以执行【窗口】|【工作区】|【将“标准”重置为已保存的布局】的菜单命令即可，如图1-25所示。

图 1-24　改变面板的宽度和高度（2）

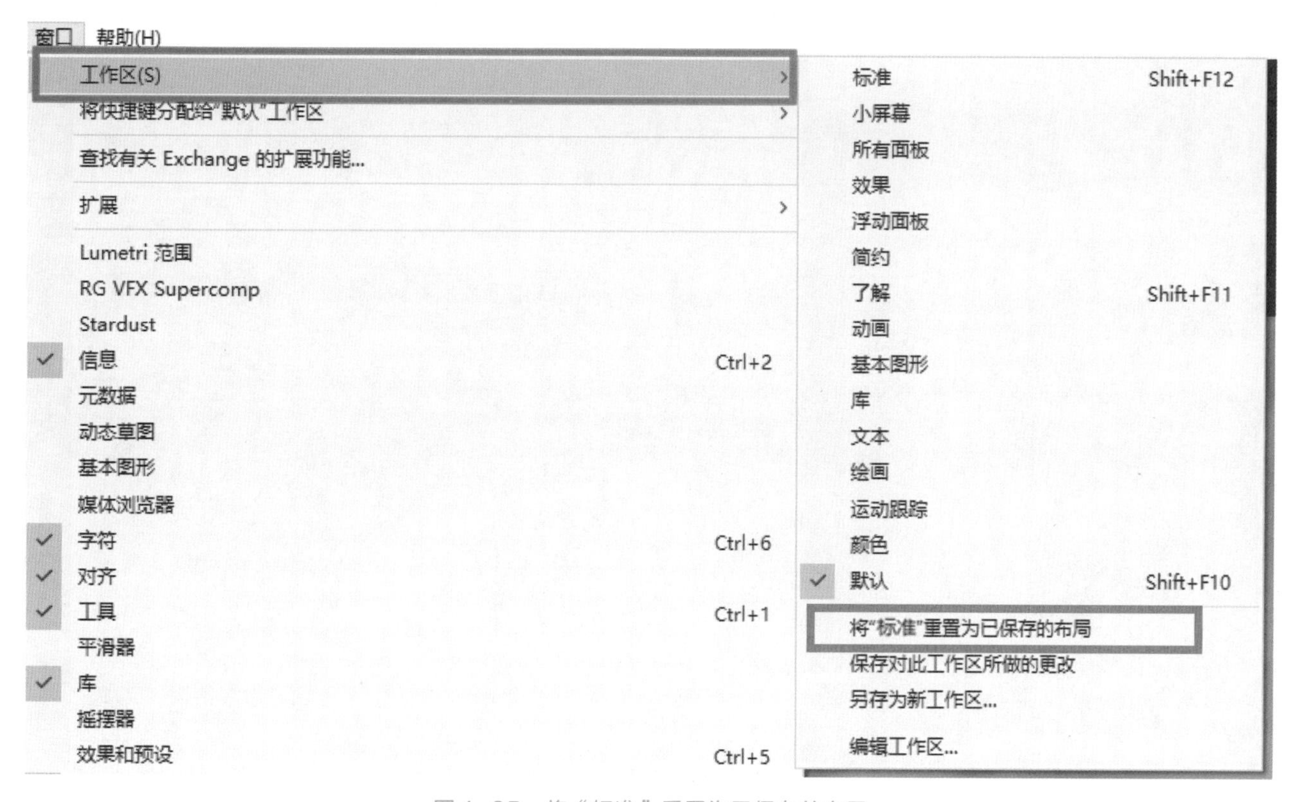

图 1-25　将“标准”重置为已保存的布局

步骤六：若想将自定义的工作界面保存起来，可以执行【窗口】|【工作区】|【另存为新工作区】的菜单命令即可，在弹出的【新建工作区】对话框中输入新建工作区的名称，然后单击【确定】按钮即可保存，如图 1-26 所示。

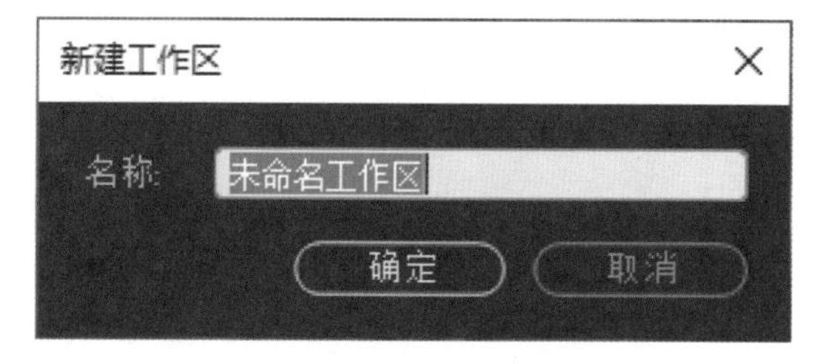

图 1-26　将自定义的工作界面保存

三、学习任务小结

通过本次任务的学习，同学们对 After Effects 的工作界面有了一定的了解，熟悉了工作区的布局。通过练习，同学们已经初步掌握 After Effects 工作界面的基本操作，可以根据需要自定义工作区。课后还需要同学们反复练习，加深对工作界面基本操作的熟悉度，为后面的学习打下坚实的基础。

四、课后作业

每位同学搜集一些影片素材，为下次课做素材准备。

素材导入及管理

教学目标

（1）专业能力：掌握 After Effects 软件导入和管理素材的基本使用方法。

（2）社会能力：能灵活运用导入素材的方法，并对素材进行有效的管理。

（3）方法能力：资料搜集能力、案例作品分析能力、提炼和应用能力。

学习目标

（1）知识目标：了解 After Effects 软件导入素材的方式和管理素材的方法。

（2）技能目标：掌握正确导入分层图像、序列图像等素材的方法。

（3）素质目标：通过学习具备解决实际问题的能力，培养综合职业能力。

教学建议

1. 教师活动

（1）运用教学课件等多种教学手段，讲授 After Effects 软件导入和管理素材的基本操作要点。

（2）教师通过示范介绍 After Effects 常用的几种导入方式，让学生对导入素材有一定程度的认识了解。

（3）教师展示正确的导入分层图像、序列图像等素材的方法，并对素材进行有效的管理，让学生直观地理解操作方法，加强学生对基本使用方法的认识。

2. 学生活动

（1）构建有效促进学生自主学习的教学模式，激发学生自主学习 After Effects 软件。

（2）学生根据操作要求，反复练习，熟悉素材导入和管理，教师巡回指导。

（3）认真听取教师的讲解示范，并进行课堂讨论，加深对知识点的理解，训练语言表达能力和沟通协调能力。

一、学习问题导入

各位同学，大家好！通过上一个任务的学习，同学们对 After Effects 软件的工作界面有了一定的认识。接下来我们一起来了解 After Effects 软件导入素材的几种方式和管理素材的方法，学习如何正确导入 psd 图像、序列图像等素材，素材是 After Effects 的基本构成元素，那么我们怎么导入和管理素材呢?

二、学习任务讲解

1. 导入素材

素材是 After Effects 的基本构成元素，在 After Effects 中可以导入不同类型的素材，比如分层图像、序列图像、其他 After Effects 项目文件等素材。在工作中，把素材导入【项目】面板中有几种方式，下面将为同学们做详细的介绍。

（1）导入单个素材。

方法一：在 After Effects 的【菜单栏】中，执行【文件】|【导入】|【文件】的菜单命令，打开【导入文件】对话框，如图 1-27 所示。然后选择需要导入的素材，单击【导入】按钮把素材导入【项目】面板中，如图 1-28 所示。

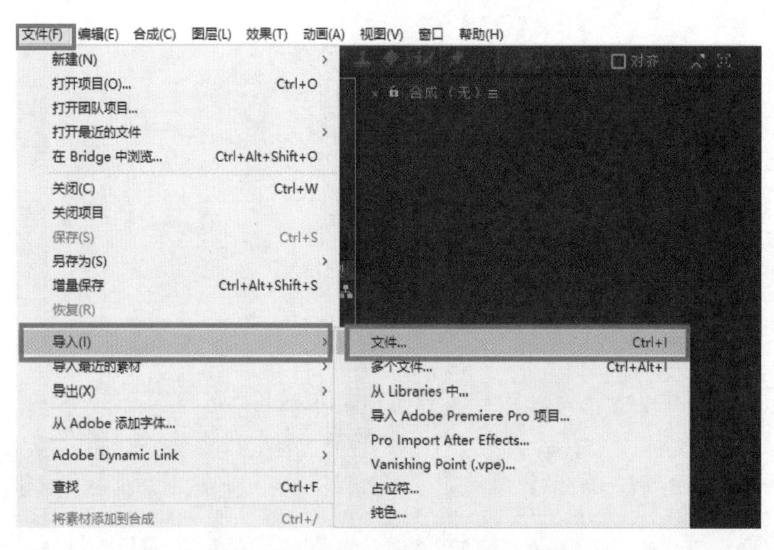

图 1-27　打开【导入文件】对话框

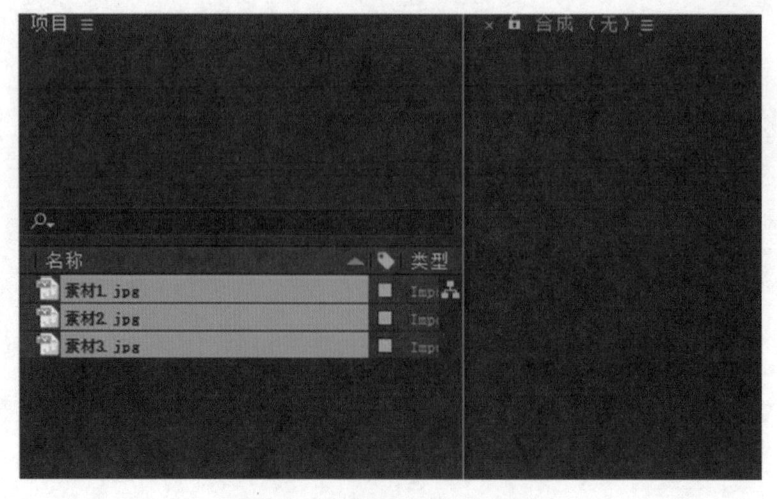

图 1-28　单击【导入】按钮

方法二：在【项目】面板的空白处单击鼠标右键，在弹出的菜单中执行【导入】|【文件】的菜单命令也可以完成导入素材的操作，如图 1-29 所示。

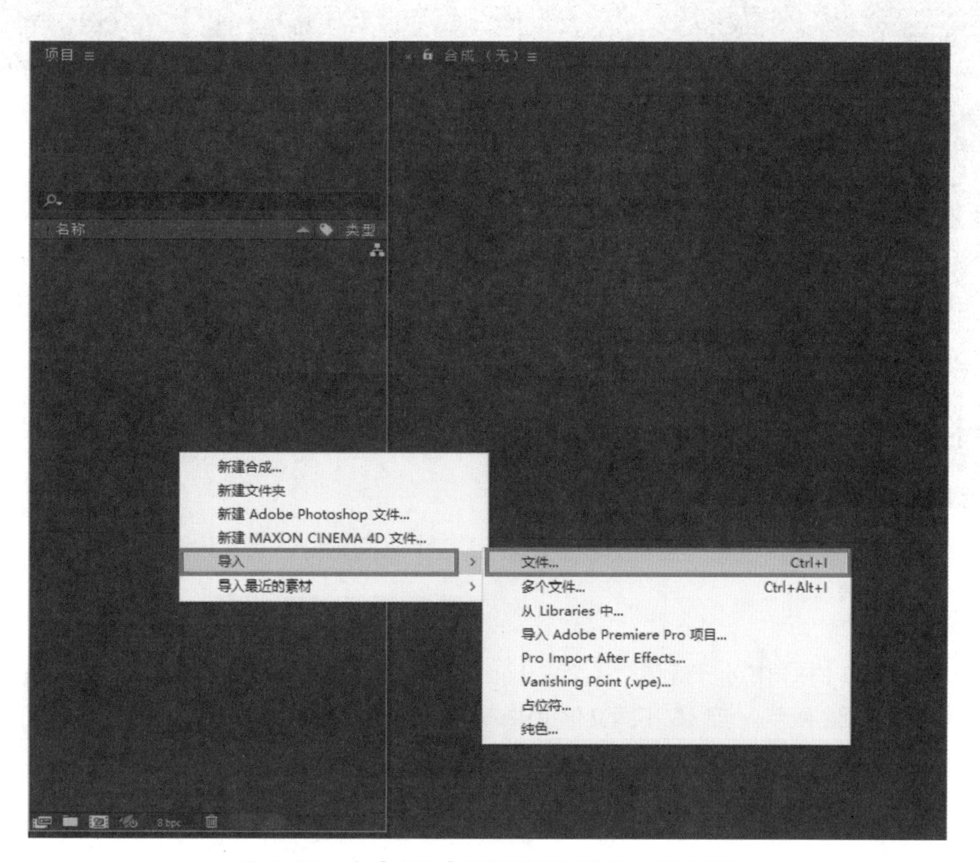

图 1-29　在【项目】面板的空白处单击鼠标右键

方法三：在【项目】面板的空白处双击鼠标左键，在弹出的【导入文件】对话框中选择需要导入的素材，也可以完成导入素材的操作，如图 1-30 所示。

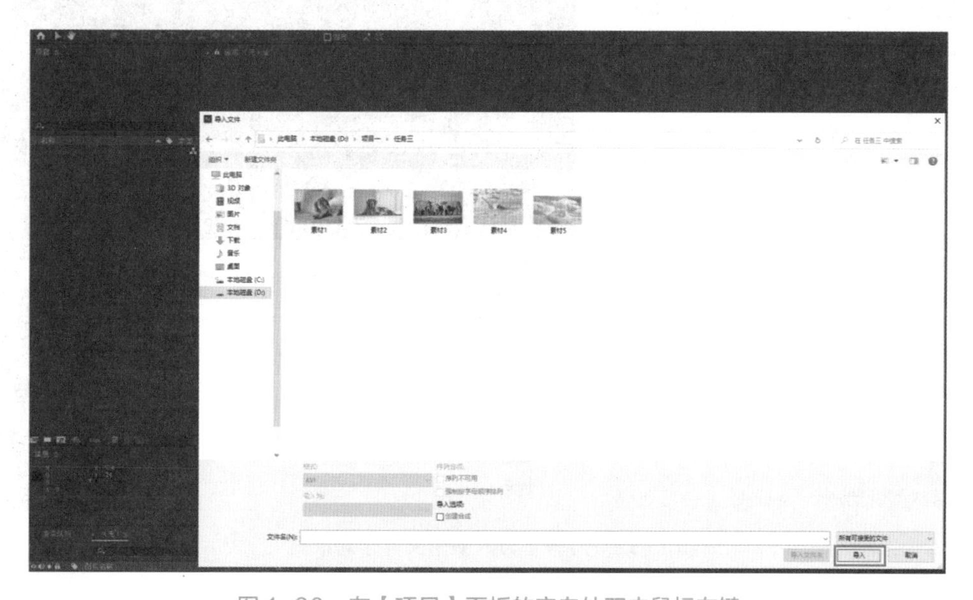

图 1-30　在【项目】面板的空白处双击鼠标左键

方法四：从 Windows 系统资源管理器中选择需要导入的素材，用鼠标直接拖至 After Effects 的【项目】面板中，也可以完成导入素材的操作，如图 1-31 所示。

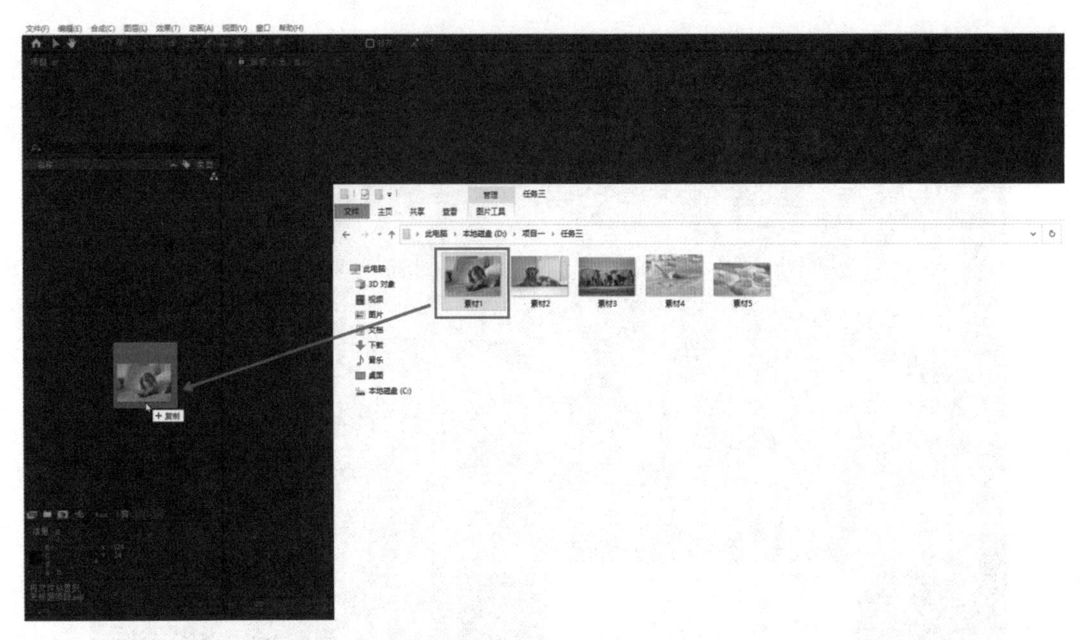

图 1-31　将素材用鼠标直接拖至 After Effects 的【项目】面板中

（2）导入多个素材。

在 After Effects 的【菜单栏】中，执行【文件】|【导入】|【多个文件】的菜单命令，打开【导入多个文件】对话框，如图 1-32 所示。可以在不同文件夹中选择需要导入的素材，单击【导入】按钮把素材导入【项目】面板中，同时【导入多个文件】对话框保持打开状态，可以继续从不同文件夹中选择素材导入，直到单击【完成】按钮才能完成导入素材的操作，如图 1-33 所示。

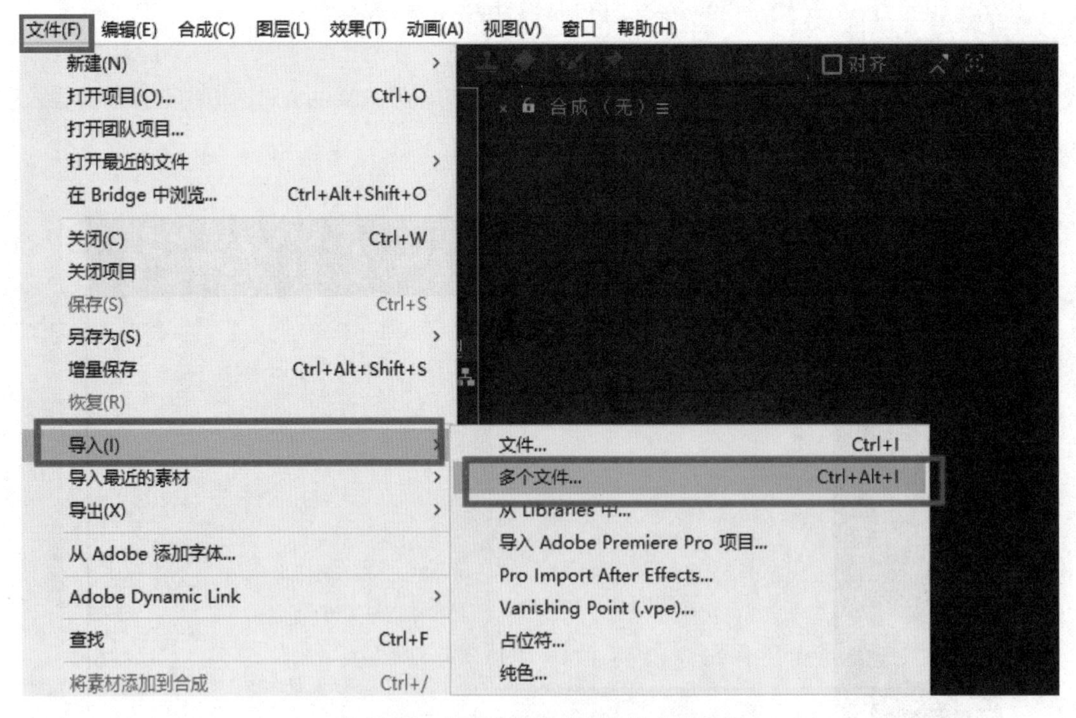

图 1-32　打开【导入多个文件】对话框

（3）导入分层图像。

在导入的素材中还有一种常见的分层格式文件，比如 Photoshop 的 psd 分层文件，可以选择以【合成】或【素材】的方式进行导入，如图 1-34 所示。

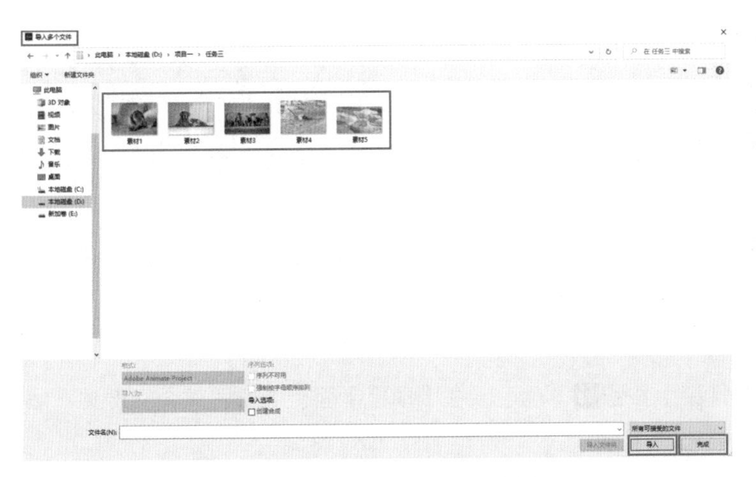

图 1-33　从不同文件夹中选择素材导入

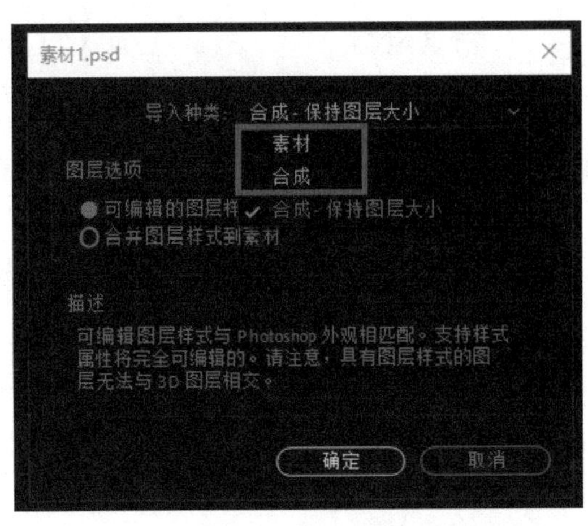

图 1-34　选择以【合成】或【素材】的方式进行导入

当【导入种类】选择【合成】或【合成 - 保持图层大小】选项时，可以把分层图像以合成方式导入【项目】面板中，还可以把分层图像各个图层中的对象保留下来。

当【导入种类】选择【素材】选项时，有两种【图层选项】可以选择。一种为【合并的图层】，即把分层图像所有图层合并后导入。另一种为【选择图层】，即选择某些特定图层导入。

（4）导入序列图像。

在 After Effects 的【菜单栏】中，执行【文件】|【导入】|【文件】的菜单命令，打开【导入文件】对话框，只需选择序列图像素材文件夹中的第一个文件，勾选【PNG 序列】选项，单击【导入】按钮，如图 1-35 所示，这样可以将素材以动态的序列图像方式导入【项目】面板中。如果不勾选【PNG 序列】，导入的是一个静态图像。

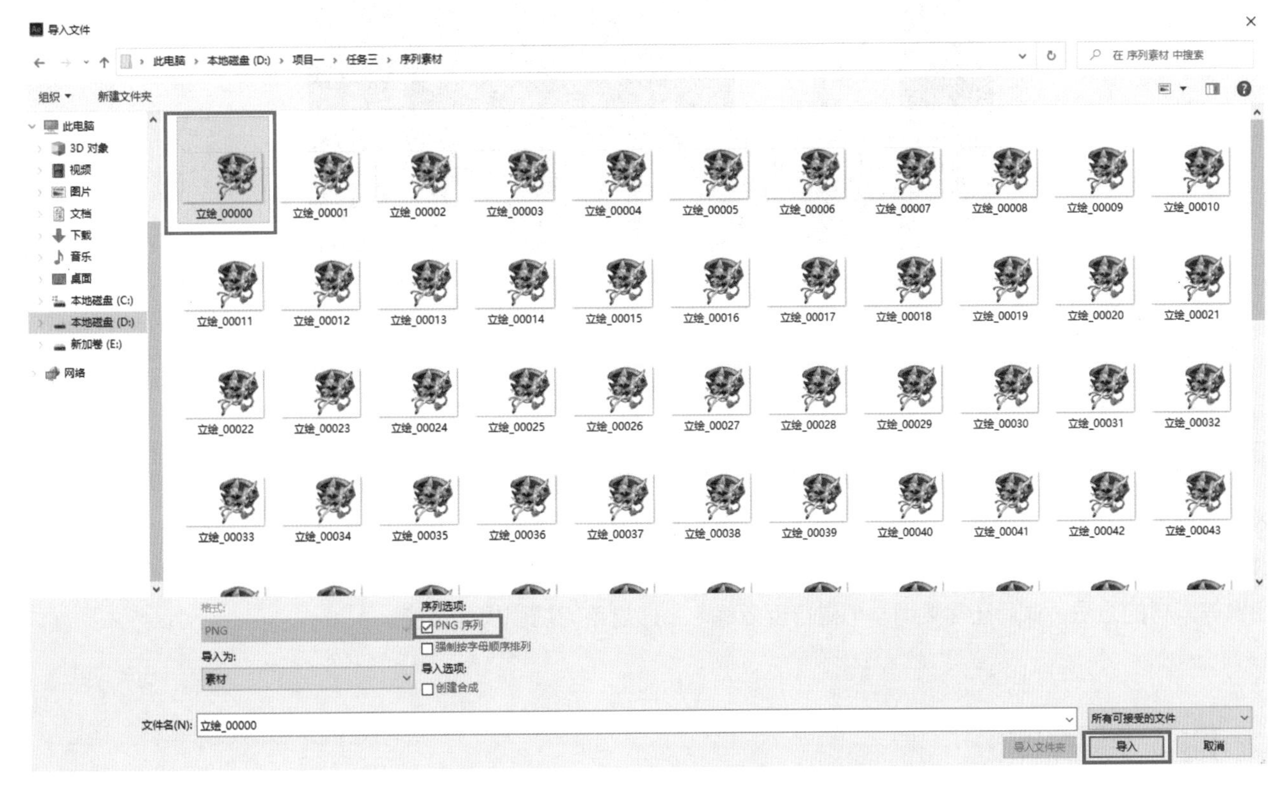

图 1-35　导入序列图像

2. 管理素材

在 After Effects 软件中合成视频作品，需要导入大量相关的音视频素材。当素材较多时，应对导入的素材进行重命名和分类管理，这样不仅可以快速查找素材，还能提高工作效率。

（1）分类素材。

方法一：在【项目】面板的空白处单击鼠标右键，在弹出的菜单中选择【新建文件夹】的菜单命令来创建一个文件夹，根据素材分类的需要为文件夹命名，然后将同类的素材拖到文件夹中，即可对素材进行分类管理。

方法二：单击【项目】面板下方的【新建文件夹】按钮，也可以在【项目】面板中新建一个文件夹，然后将同类的素材拖到文件夹中即可。

（2）重命名素材。

除了可以利用文件夹分类管理素材，还可以对素材进行重命名操作。

在【项目】面板的素材列表中，选择素材并单击鼠标右键，即可以为该素材进行重命名操作，如图 1-36 所示。

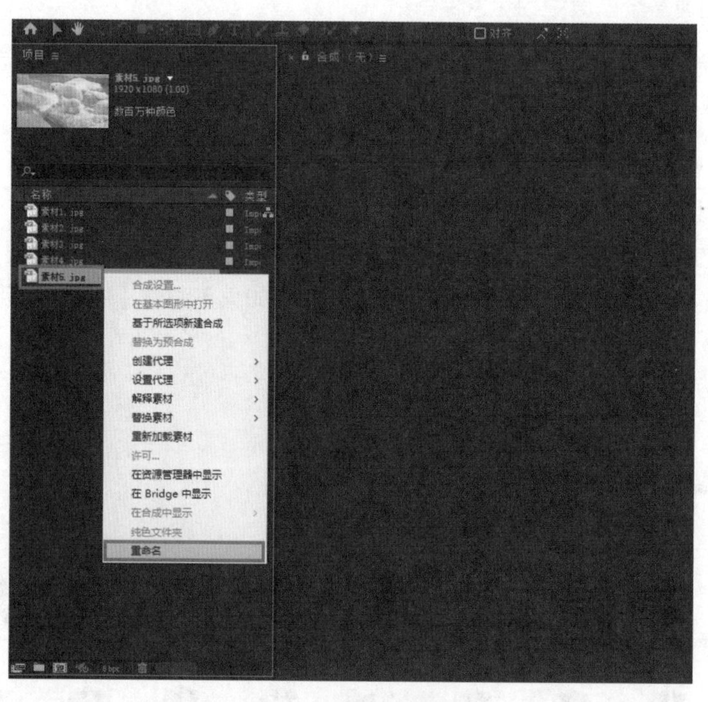

图 1-36　重命名素材

三、学习任务小结

通过本次任务的学习，同学们了解了 After Effects 软件导入和管理素材的基本操作方法。希望大家能有效地管理素材，养成管理素材的好习惯，这样同学们以后在实际工作中能让团队其他制作队员更好地明白素材的用途，在团队制作中会起到重要的作用。通过课堂操作练习，同学们已经初步掌握正确导入分层图像、序列图像等素材的方法。课后还需要同学们进行反复练习，通过练习巩固操作技能。

四、课后作业

每位同学在网上搜集不同类型的素材，运用课堂所学的技巧知识进行素材导入和管理。

影片渲染与输出

教学目标

（1）专业能力：掌握 After Effects 软件视频的渲染和输出设置。

（2）社会能力：能灵活运用渲染与输出的方法把合成项目渲染输出成视频。

（3）方法能力：资料搜集能力、案例作品分析能力、提炼和应用能力。

学习目标

（1）知识目标：掌握 After Effects 软件视频的渲染和输出的方法和技巧。

（2）技能目标：掌握视频输出格式的设置和批量输出合成项目的方法。

（3）素质目标：通过学习具备解决实际问题的能力，培养综合职业能力。

教学建议

1. 教师活动

（1）运用教学课件等多种教学手段，讲授 After Effects 软件视频的渲染和输出的基本操作要点。

（2）教师通过示范介绍 After Effects 把合成项目渲染输出成视频的主要方法，让学生对输出视频有一定的认识了解。

（3）教师展示如何在输出文件时设置模板和批量输出文件，让学生直观地理解操作方法，加强学生对基本使用方法的认识。

2. 学生活动

（1）构建有效促进学生自主学习的教学模式，激发学生自主学习 After Effects 软件。

（2）学生根据操作要求，多加练习，熟悉视频的渲染和输出，教师巡回指导。

一、学习问题导入

各位同学，大家好！当合成项目制作完成后需要将最终的结果渲染输出，通过不同的设置，可以输出需要的影片。接下来我们一起来了解 After Effects 软件提供的多种输出方式，学习如何通过输出设置和渲染设置将合成项目输出为需要的视频文件。

二、学习任务讲解

1. 渲染设置

渲染是影片制作过程的最后一步，也是关键的一步，渲染的方式会影响影片最终的呈现效果。制作视频文件后，把合成项目渲染输出成视频、音频或序列文件可以选择两种输出方式，下面将为同学们做详细的介绍。

方法一：在【项目】面板中选择需要渲染的合成项目，执行【文件】|【导出】菜单中的子命令，可以输出单个合成项目，如图 1-37 所示。

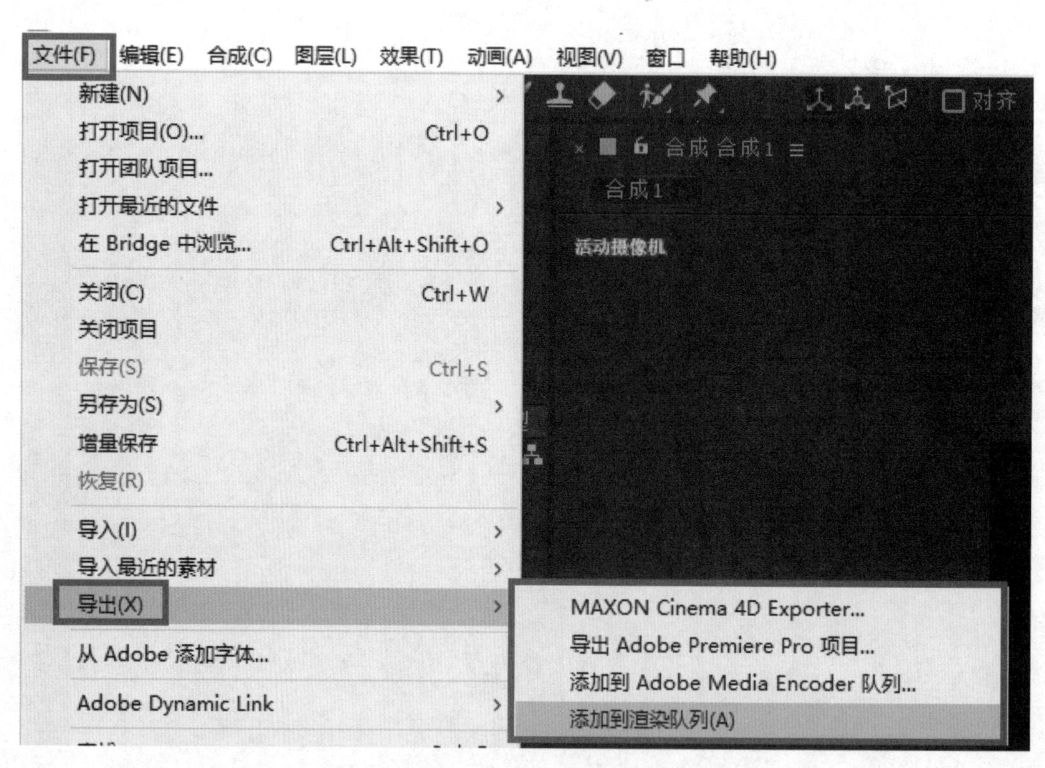

图 1-37 执行【文件】|【导出】菜单中的子命令

方法二：在【项目】面板中选择需要渲染的合成项目，执行【合成】|【添加到 Adobe Media Encoder 队列】或【合成】|【添加到渲染队列】的菜单命令，将一个或多个合成项目添加到渲染队列中逐一进行批量输出，如图 1-38 所示。

在执行【合成】|【添加到渲染队列】的菜单命令时会打开【渲染队列】的面板，其中在【渲染设置】选项后面单击【最佳设置】选项，可以打开【渲染设置】对话框，如图 1-39 所示。这一步主要设置品质和分辨率，也可以更改帧速率、时间跨度等。

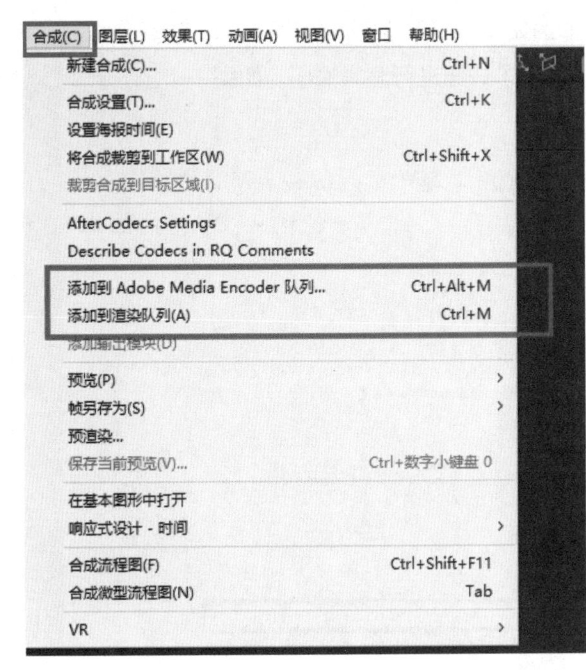

图 1-38　执行【合成】|【添加到 Adobe Media Encoder 队列】

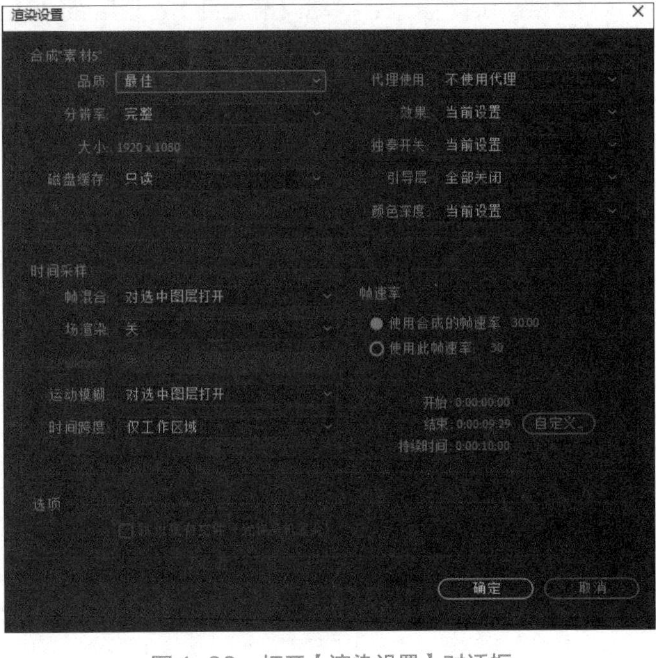

图 1-39　打开【渲染设置】对话框

2. 输出模块设置

渲染设置完成后，进行输出模块设置。在【渲染队列】面板中的【输出模块】选项后面单击【无损】选项，可以打开【输出模块设置】对话框，如图 1-40 所示。这一步主要设置输出的格式，也可以调整大小等。

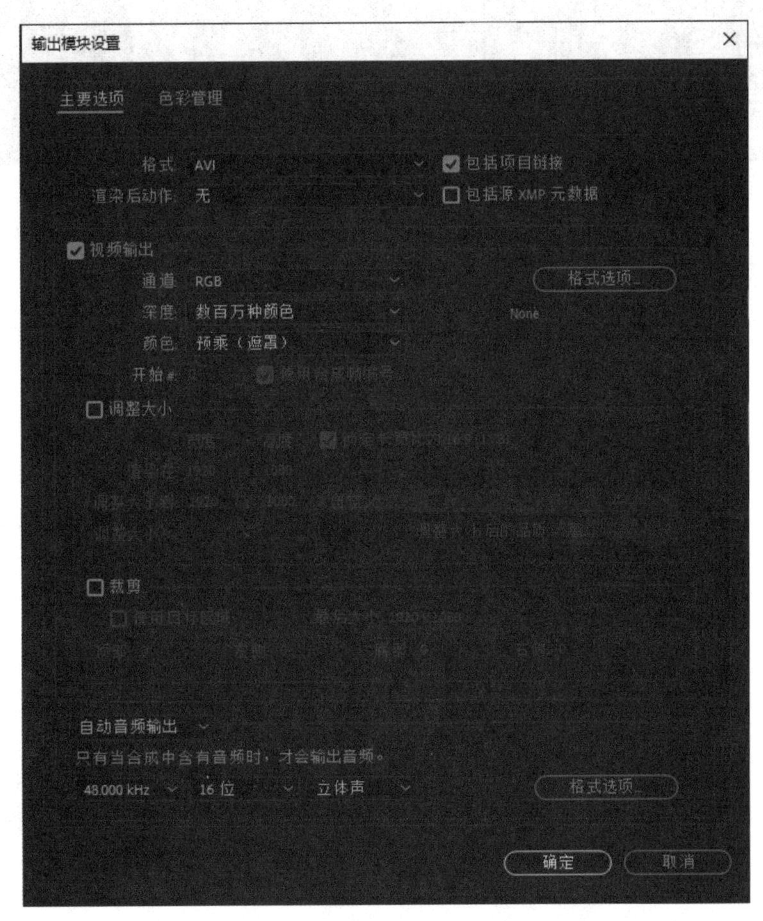

图 1-40　设置输出的格式和解码方式

输出格式设置完成后，单击【输出到】选项后面的蓝色字样选项，打开【将影片输出到】对话框，在对话框中设置输出路径和文件名，如图 1-41 所示。设置完成后单击【渲染】按钮进行渲染输出，如图 1-42 所示。

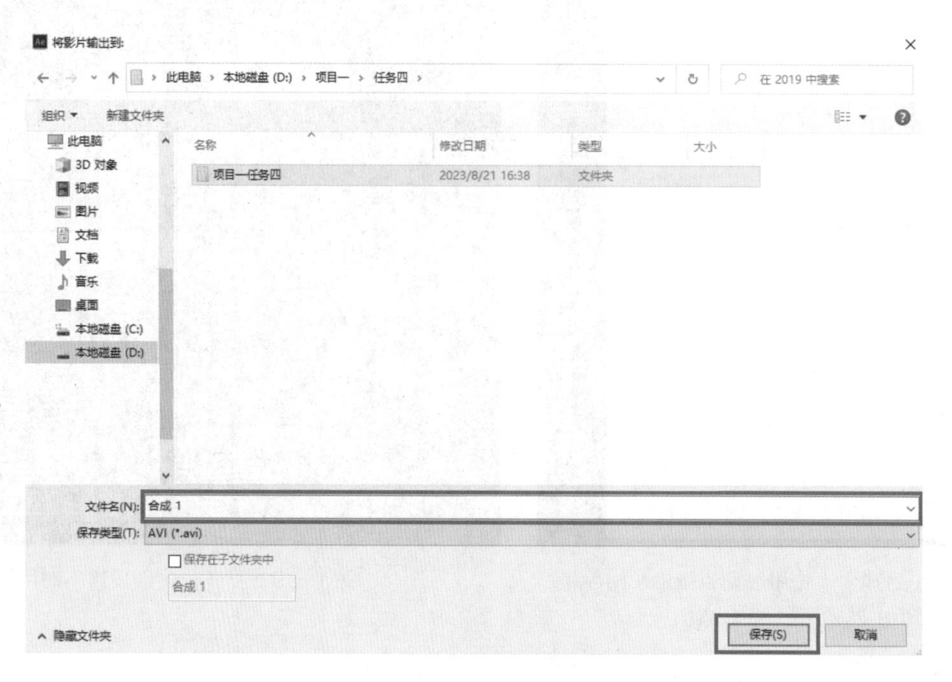

图 1-41　在对话框中设置输出路径和文件名

图 1-42　单击【渲染】按钮进行渲染输出

3. 案例实训：视频输出

步骤一：选择【文件】|【打开项目】菜单命令，在素材路径下找到 “案例实训 1.aep” 文件，单击【打开】按钮，如图 1-43 所示。

步骤二：执行【合成】|【添加到渲染队列】的菜单命令，打开【渲染队列】面板，如图 1-44 所示。

图 1-43　单击【打开】按钮

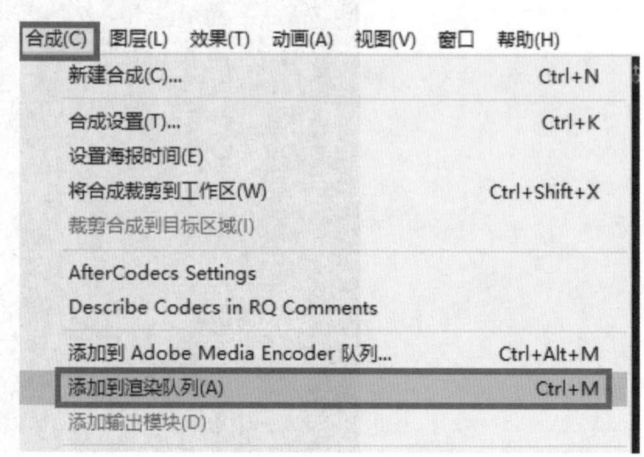

图 1-44　打开【渲染队列】面板

步骤三：在【渲染队列】面板中，单击【输出到】选项后面的蓝色字样选项，如图 1-45 所示，打开【将影片输出到】对话框，在对话框中设置路径和文件名，然后单击【保存】按钮，如图 1-46 所示。

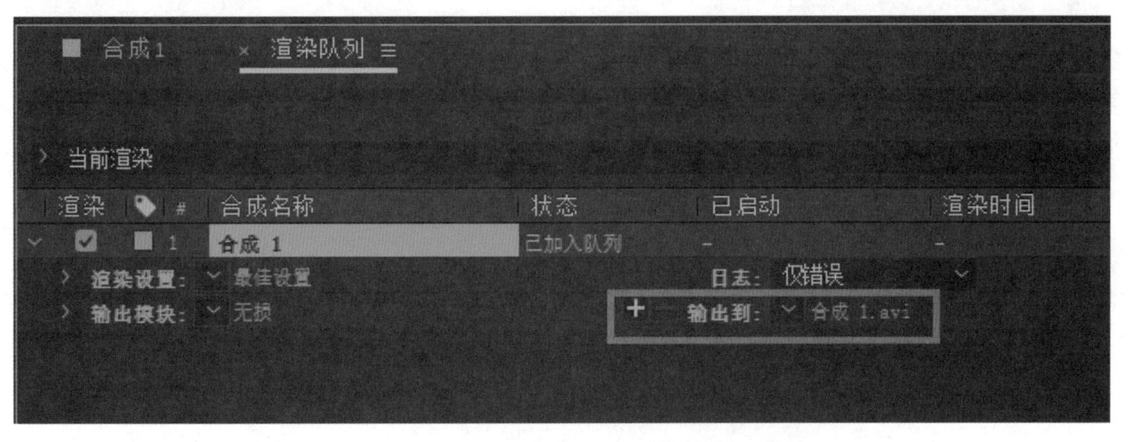

图 1-45　单击【输出到】选项后面的蓝色字样选项

图 1-46　在对话框中设置路径和文件名

步骤四：在【渲染队列】面板中单击【渲染】按钮开始渲染运算，如图 1-47 所示，待顶端的进度条完成后，视频输出便完成了，在输出路径下可以查看到输出的视频文件。

图 1-47　在【渲染队列】面板中单击【渲染】按钮开始渲染运算

三、学习任务小结

通过本次任务的学习，同学们了解了 After Effects 软件合成项目渲染输出的设置方法。通过练习，同学们已经初步掌握了按模板进行快速批量输出的操作。课后同学们还需要运用课堂所学的知识进行反复练习，加深对视频的渲染和输出的理解，提高实际操作能力。

四、课后作业

（1）每位同学练习为一个合成项目输出多种格式文件。

（2）每位同学练习为多个合成项目输出同一种格式文件。

项目二

After Effects 基本操作

学习任务一　关键帧动画

学习任务二　遮罩动画

学习任务三　文字动画

学习任务四　蒙版动画

关键帧动画

教学目标

（1）专业能力：掌握关键帧动画应用知识及技巧。

（2）社会能力：能灵活运用图层基本属性及形状工具属性进行关键帧动画的绘制。

（3）方法能力：信息和资料的搜集能力、案例分析能力。

学习目标

（1）知识目标：掌握图层基本属性以及添加关键帧的方法和技巧。

（2）技能目标：能运用图层基本属性、添加关键帧命令进行作品制作。

（3）素质目标：能够清晰表达自己设计的过程和思路，具备较好的语言表达能力。

教学建议

1. 教师活动

（1）教师展示课前收集的动态图形视频文件，带领学生分析文件中形状之间的变化。

（2）教师示范为形状图层基本属性添加关键帧、改变属性的操作方法，引导学生分析其制作方法及过程，并应用到自己的练习作品中。

2. 学生活动

观看教师示范添加关键帧的方法，并进行课堂练习。

一、学习问题导入

各位同学，大家好！本次任务我们一起来学习为图层添加关键帧的方法。制作关键帧动画需要了解关键帧概念、添加与编辑关键帧。

二、学习任务讲解

1. 关键帧的概念

要表现元素的运动或变化，至少要给出前后两个不同的关键状态。记录动画关键状态的帧就称为关键帧。After Effects 的动画制作是通过属性的关键帧来实现的，可以使属性单独改变，也可以同时改变。在一般情况下，为对象指定的关键帧越多，所产生的运动变化越复杂。

（1）图层属性。

素材内容被放到【时间轴】面板时，被称为图层。每个图层都具有变换属性。变换属性包括锚点、位置、缩放、旋转、不透明度等固有属性。除了变换属性，还有一些遮罩、效果等其他类型的属性，需要使用其他步骤或创建其他图层，后面会学习到其他类型的属性。图层属性如图 2-1 所示。

（2）改变图层属性值。

拖动数值即可改变属性，或单击数值，直接输入需要的数值，然后按 Enter 键确认即可。如图 2-2 所示，拖动【位置】属性的数值，可改变图层的位置。

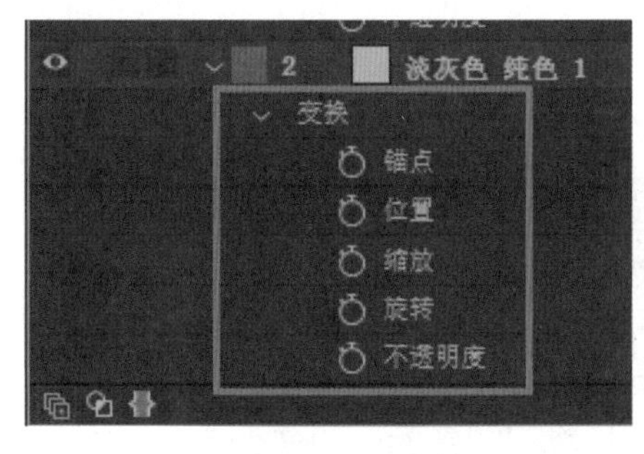

图 2-1 图层属性

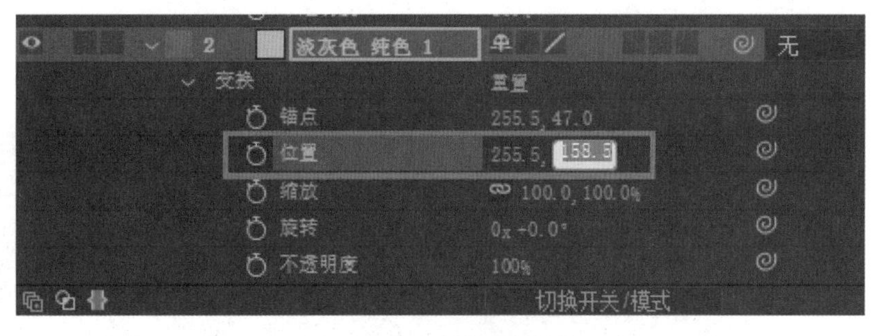

图 2-2 改变图层属性值

（3）属性快捷键。

在 After Effects 中，可以通过快捷键显示单独的图层属性。如图 2-3 所示，为图层变换属性快捷键。如图 2-4 所示，为属性设置关键帧快捷键。

属性	快捷键
锚点	A
位置	P
缩放	S
旋转	R
不透明度	T

图 2-3 图形变换属性快捷键

属性设置关键帧	快捷键
锚点	Alt + Shift +A
位置	Alt + Shift +P
缩放	Alt + Shift +S
旋转	Alt + Shift +R
不透明度	Alt + Shift +T

图 2-4 属性设置关键帧快捷键

2. 添加与编辑关键帧

（1）添加关键帧。

单击属性名称前的码表按钮就可在当前时间指示器的位置打上关键帧，启用码表后，改变属性值时，将在当前时间指示器位置自动添加关键帧。

（2）定位关键帧。

使用左侧的三角形按钮将当前时间指示器定位到上、下关键帧，或者使用快捷键（J 或 K），是定位而不是选中，如图 2-5 所示。

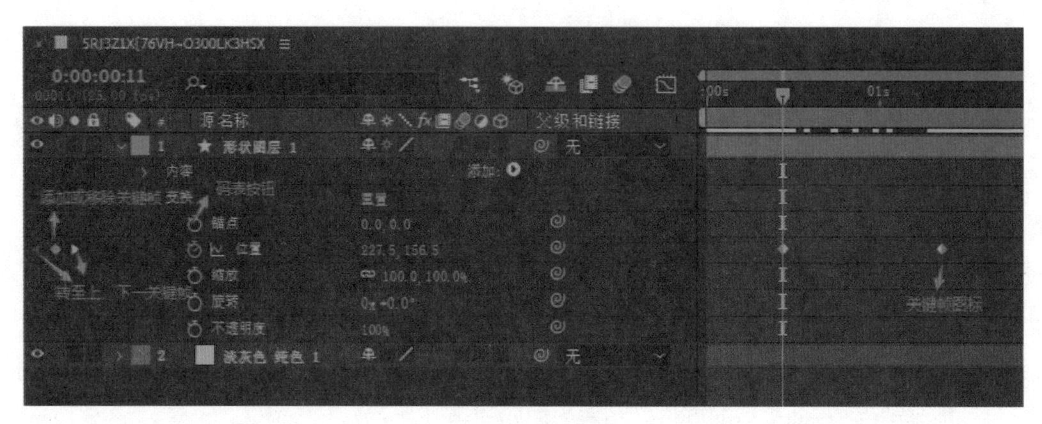

图 2-5 定位关键帧

（3）选择关键帧。

单击关键帧图标可选中该关键帧，按 Shift 键单击可同时选择多个关键帧，或者框选多个关键帧，被选中的关键帧呈蓝色，如图 2-6 所示。点击属性名称，可选中该属性所有关键帧，按 Ctrl+Alt+A 可选中全部可见的关键帧和属性，按 Ctrl + Alt + Shift + A 或者 Shift + F2 取消选中。

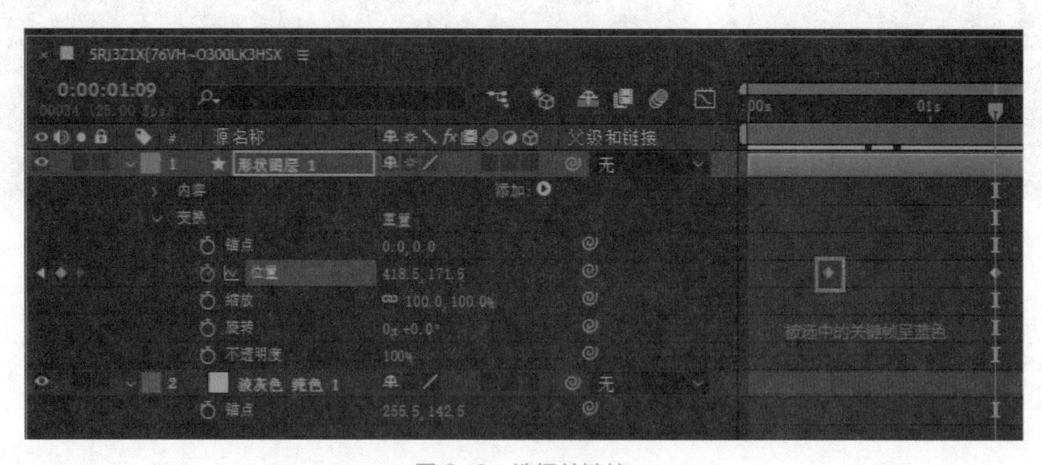

图 2-6 选择关键帧

（4）移动关键帧。

直接用鼠标拖动关键帧，可改变关键帧发生的时间，加按 Shift 键拖动，可自动与当前时间指示器对齐。按 Alt + ←或 Alt+ → 键，向前或向后移动 1 帧，加按 Shift 键，则移动 10 帧。

（5）删除关键帧。

选中关键帧后，按 Delete 键即可删除。单击码表按钮，可移除该属性的所有关键帧。

（6）复制与粘贴关键帧。

选中需要的关键帧后，可使用 Ctrl + C 和 Ctrl + V 进行关键帧的复制和粘贴，一次只能从一个层中复制关键帧，只能在本层内进行粘贴，或者在具有相同数据类型不同属性之间进行粘贴。比如，锚点属性、位置属性之间可相互复制和粘贴。

3. 案例实训：动态图形动画制作

步骤一：选择【合成】|【新建合成】命令，弹出【合成设置】对话框，如图 2-7 所示。将其命名为【动态图形动画】，设置其大小为 1920px×1080px，【持续时间】为 5 秒。

步骤二：选择【文件】|【导入】|【文件】命令，如图 2-8 所示。

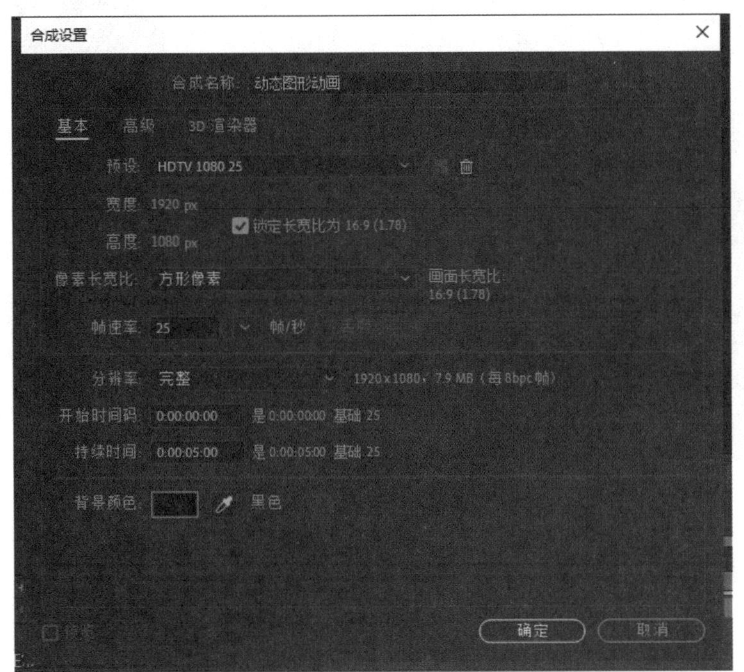

图 2-7　步骤一

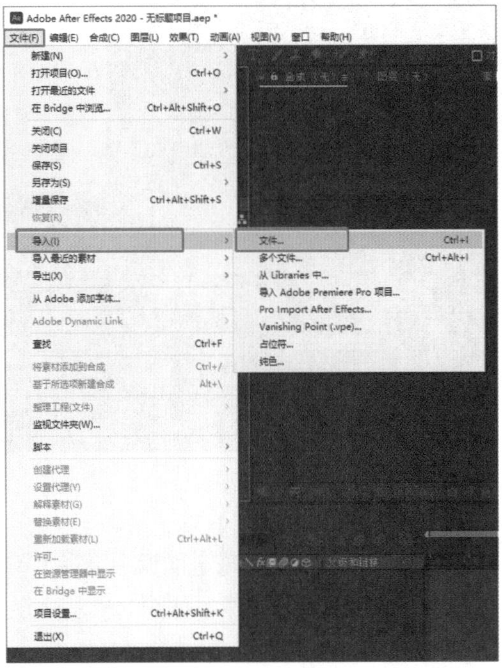

图 2-8　步骤二

步骤三：选择【风景 MG-1.psd】，导入菜单选择【合成】并勾选【创建合成】，单击【导入】命令，如图 2-9 所示。

步骤四：在合成对话框选择【合并图层样式到素材】，如图 2-10 所示。

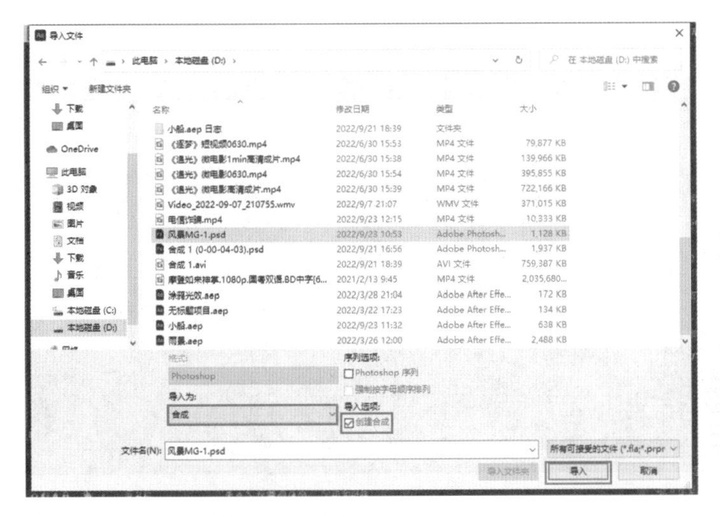

图 2-9　步骤三

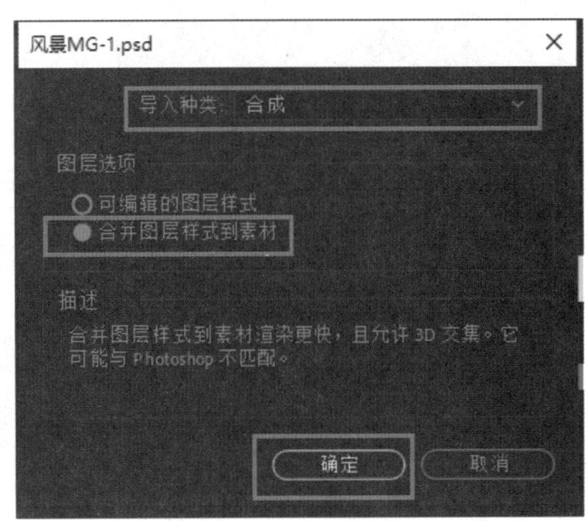

图 2-10　步骤四

步骤五：在【项目】面板选择【风景MG-1.psd】合成双击，在【时间轴】面板出现【风景MG-1】所有图层，如图2-11所示。

图2-11　步骤五

步骤六：在【时间轴】面板中选择【树】图层，将时间指示器移至12帧处，在【位置】及【不透明度】属性同时完成关键帧设置，如图2-12所示。

图2-12　步骤六

步骤七:【时间轴】面板，将时间指示器移至 0 帧处，将【树】图层位置向下调整至合成外，在【位置】及【不透明度】属性同时完成关键帧的设置。调整参数设置如图 2-13 所示。

图 2-13　步骤七

步骤八：选择【树】图层，将时间指示器移至 18 帧处，将图层【位置】属性往下拖曳，完成【位置】属性关键帧自动设置，达到蹦出回弹效果。调整参数设置如图 2-14 所示。

图 2-14　步骤八

步骤九：选择【山】图层，将时间指示器移至 18 帧处，选择【位置】及【透明度】前面的码表按钮完成关键帧设置。将时间调整到 0 帧处，将【山】图层向下移至合成外，设置【不透明度】选项的数值为 0。调整参数设置如图 2-15 所示。

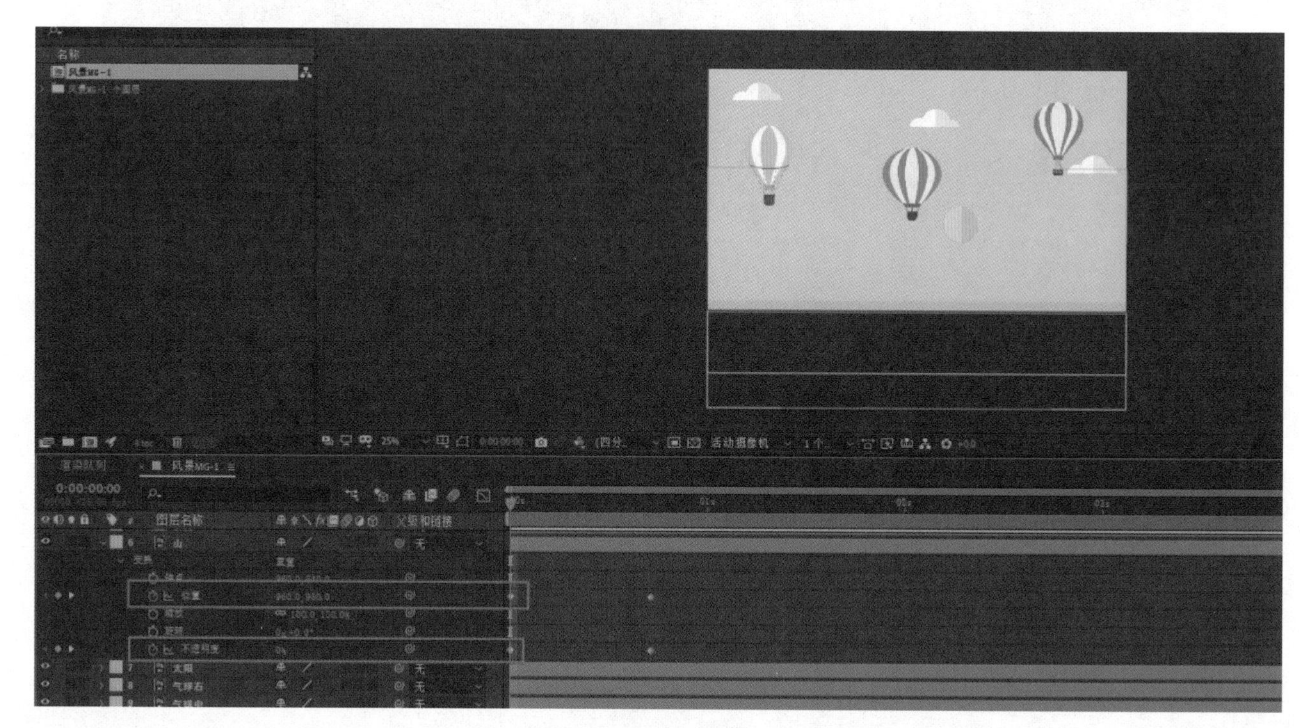

图 2-15　步骤九

步骤十：选择【太阳】图层，将时间指示器移至 22 帧处，选择【位置】前面的码表按钮完成关键帧设置。将时间调整到 0 帧处，将【太阳】图层向下移至合成外。调整参数设置如图 2-16 所示。

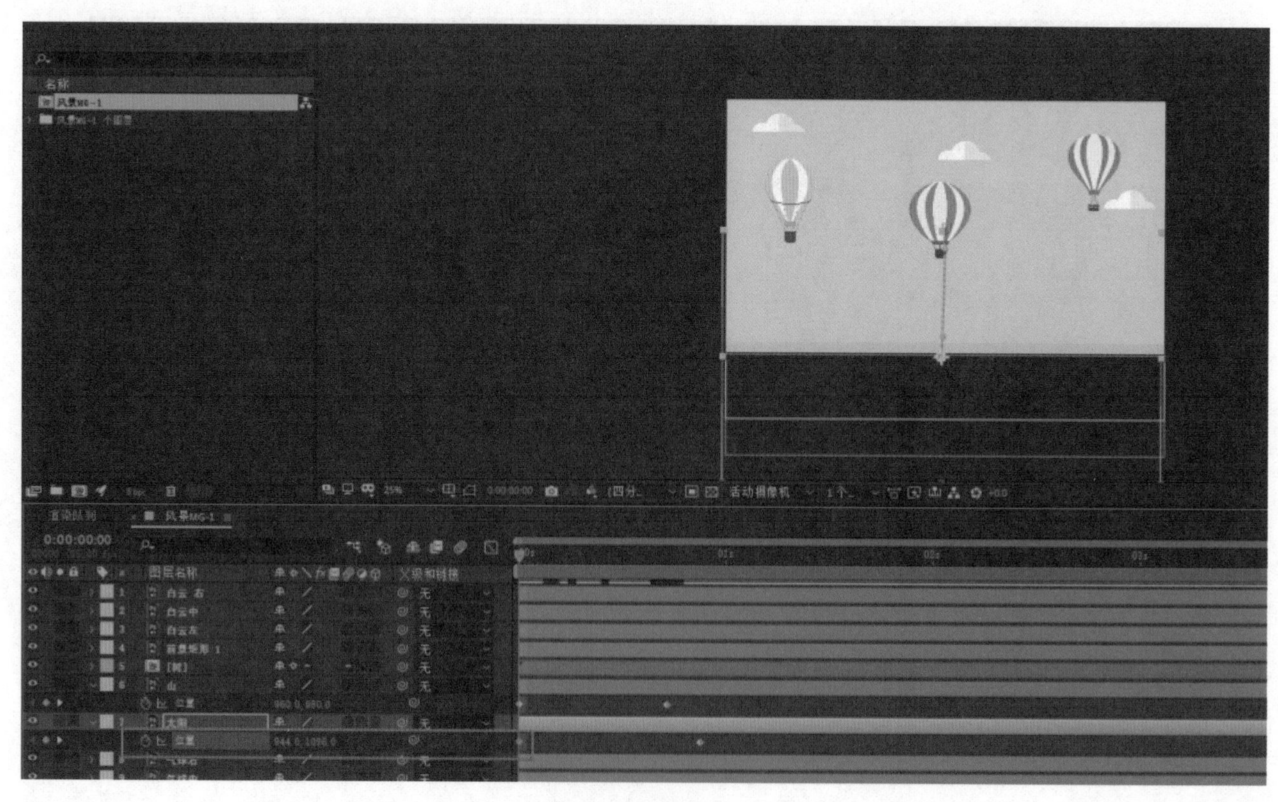

图 2-16　步骤十

步骤十一：将时间指示器拖动到 1 秒处，选中三个【气球】图层，将图层拖至 12 帧后显示，三个【白云】图层，将图层拖至 1 秒 12 帧后显示，如图 2-17 所示。

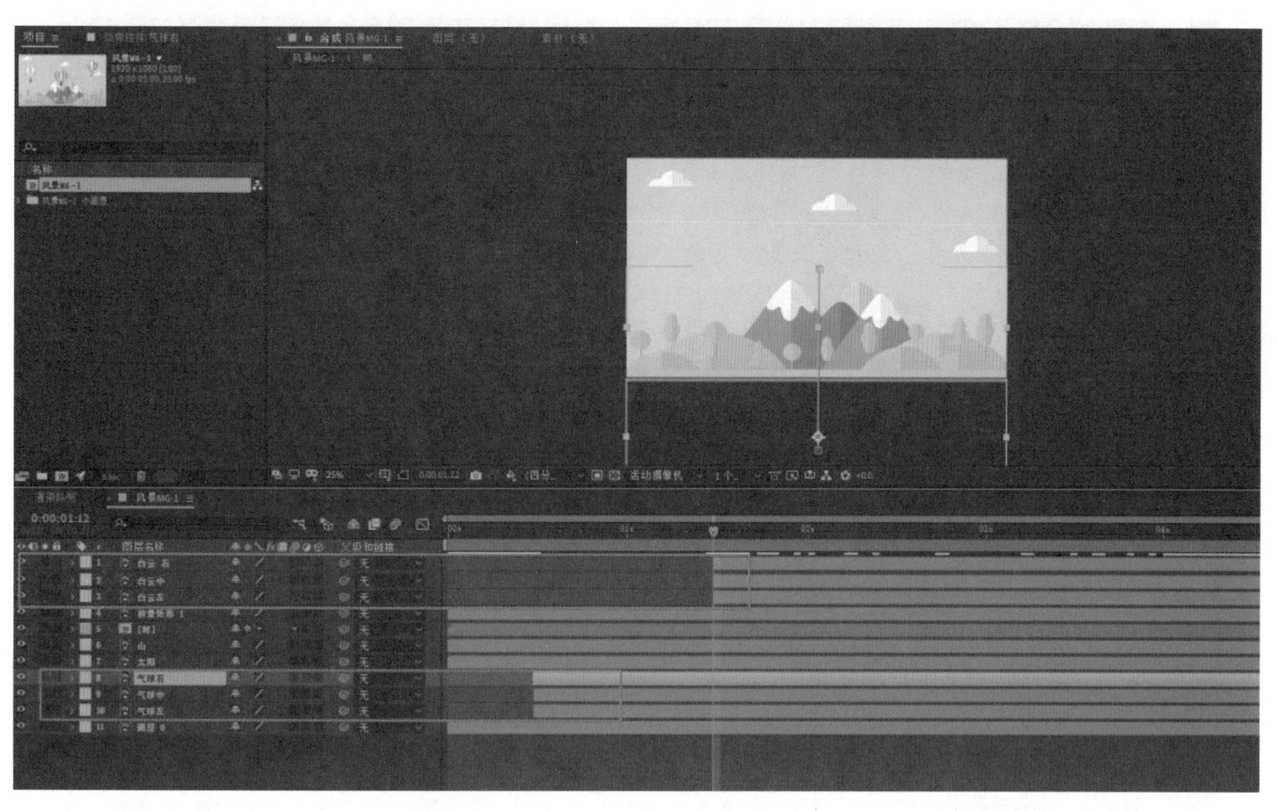

图 2-17　步骤十一

步骤十二：将时间指示器拖动到 4 秒 12 帧处，选中所有的【气球】和【白云】图层，按快捷键 P，在所有的【气球】及【白云】的【位置】属性按码表按钮设置关键帧，如图 2-18 所示。

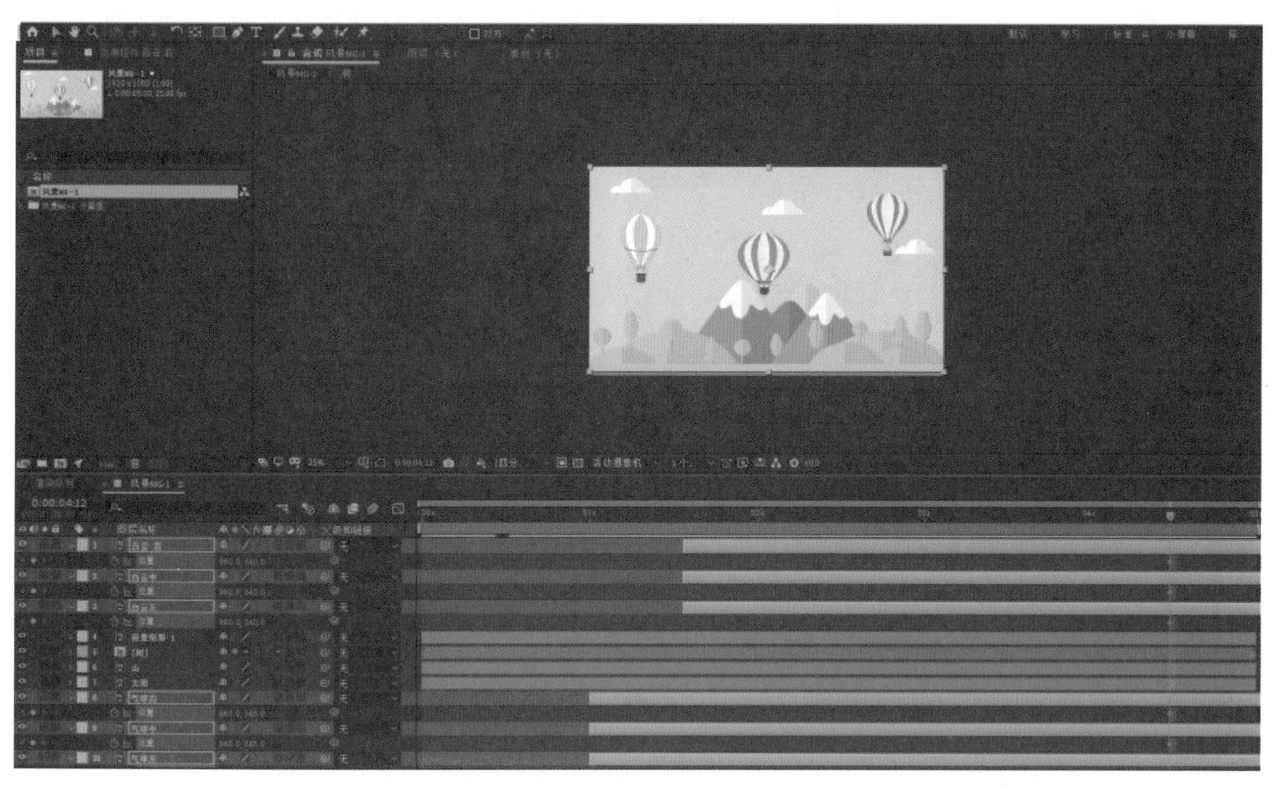

图 2-18　步骤十二

步骤十三：将时间指示器移动到 12 帧位置，选择将【气球左】图层向下移至合成外。调整参数设置如图 2-19 所示。

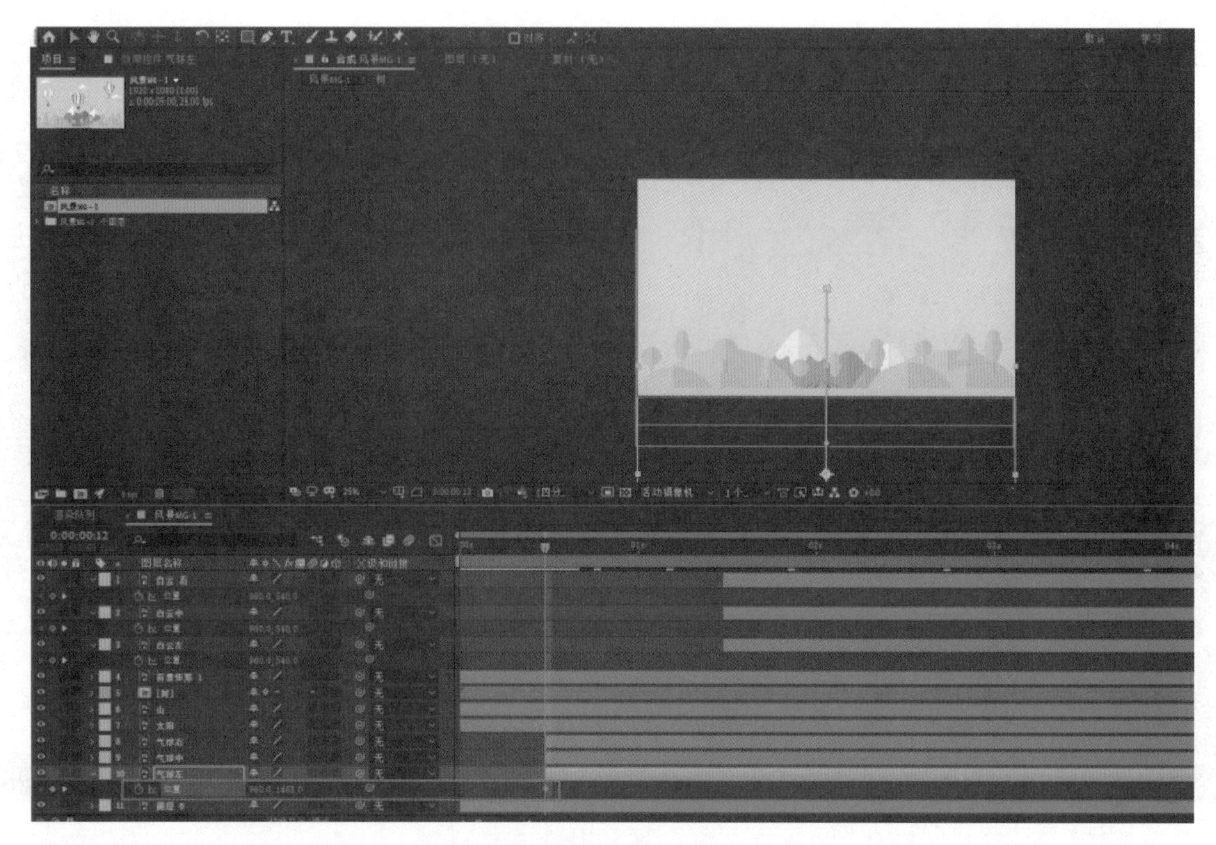

图 2-19　步骤十三

步骤十四：将时间指示器移动到 1 秒位置，选择将【 气球中 】图层向下移至合成外。调整参数设置如图 2-20 所示。

图 2-20　步骤十四

步骤十五：将时间指示器移动到 1 秒 12 帧位置，选择将【 气球右 】图层向下移至合成外。调整参数设置如图 2-21 所示。

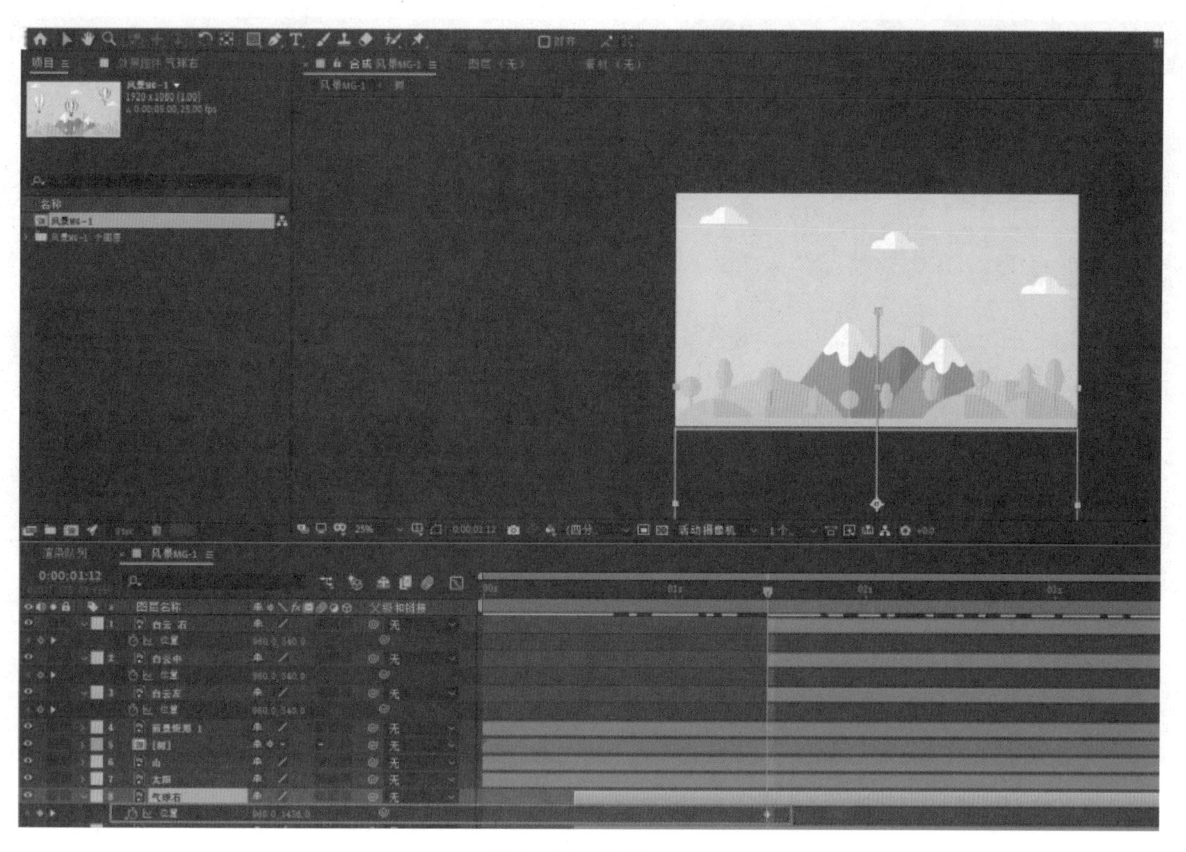

图 2-21　步骤十五

步骤十六：将时间指示器移动到 2 秒位置，选择将【 白云中 】图层向左移至合成外。调整参数设置如图 2-22 所示。

图 2-22　步骤十六

步骤十七：将时间指示器移动到 2 秒位置，选择将【白云中】图层向左移至合成外。调整参数设置如图 2-23 所示。

图 2-23　步骤十七

步骤十八：将时间指示器移动到 2 秒 10 帧位置，选择将【白云左】图层向左移至合成外。调整参数设置如图 2-24 所示。至此动态图形动画制作完成。

图 2-24　步骤十八

步骤十九：选择【文件】|【保存】命令，保存文件。

步骤二十：在【预览】窗口中单击▶按钮，进行项目预览。预览完成后，选择【合成】|【添加到渲染队列】命令，渲染输出。

三、学习任务小结

本次任务讲解了图层基本属性关键帧制作的应用和编辑的方法和步骤。通过案例制作练习，同学们已经初步掌握了添加关键帧制作的使用技巧。在后期制作、影视特效和图像处理中，添加关键帧是图层属性最基础的应用，后期还需要同学们多加练习，通过练习巩固操作技能。

四、课后作业

（1）每位同学使用图层属性、形状工具绘制一个五角星变换到三角形的动态、颜色变化过程，分别对图层【变换】属性、图层【内容】属性进行添加关键帧的操作。

（2）运用两种不同的图层属性制作一个其他路径图形变化。

遮罩动画

教学目标

（1）专业能力：掌握遮罩动画应用知识及技巧。

（2）社会能力：能灵活运用钢笔工具进行遮罩蒙版的绘制。

（3）方法能力：信息和资料的搜集能力、案例分析能力。

学习目标

（1）知识目标：掌握钢笔工具、添加“顶点”工具、删除“顶点”工具、转换“顶点”工具、蒙版羽化工具和改变形状命令的方法和技巧。

（2）技能目标：能运用钢笔工具、添加“顶点”工具、删除“顶点”工具、转换“顶点”工具、蒙版羽化工具和改变形状命令进行作品制作。

（3）素质目标：能够清晰表达自己的设计过程和思路，具备较好的语言表达能力。

教学建议

1. 教师活动

（1）教师展示课前收集的正侧脸照片素材文件，带领学生分析素材文件中男生和女生脸型的变化。

（2）教师示范钢笔工具、添加“顶点”工具、删除“顶点”工具、转换“顶点”工具、蒙版羽化工具和改变形状命令的操作方法。

（3）引导学生分析其制作方法及过程，并应用到自己的练习作品中。

2. 学生活动

（1）观看教师示范，进行课堂练习。

（2）结合案例实训进行课堂讨论，积极参与，激发学生自主学习。

一、学习问题导入

各位同学，大家好！本次任务我们一起来学习遮罩的应用。遮罩的应用包括几个方面：钢笔工具、添加“顶点”工具、删除“顶点”工具、转换“顶点”工具、蒙版羽化工具和改变形状命令。

二、学习任务讲解

1. 钢笔工具组

【钢笔工具组】可以绘制任意蒙版形状，其中的工具有【钢笔工具】、【添加“顶点”工具】、【删除“顶点”工具】、【转换“顶点”工具】和【蒙版羽化工具】，如图 2-25 所示。

（1）钢笔工具。

【钢笔工具】可以用来绘制任意蒙版形状，使用【钢笔工具】绘制的蒙版形状方式及对其相关属性的设置与【形状工具组】相同。选中素材，在工具栏中选择【钢笔工具】，在【合成】面板中图像的合适位置处依次单击鼠标左键定位蒙版顶点，当顶点首尾相连时，则完成蒙版绘制，得到蒙版形状，如图 2-26 所示。为图像绘制蒙版的前后对比效果如图 2-27 所示。

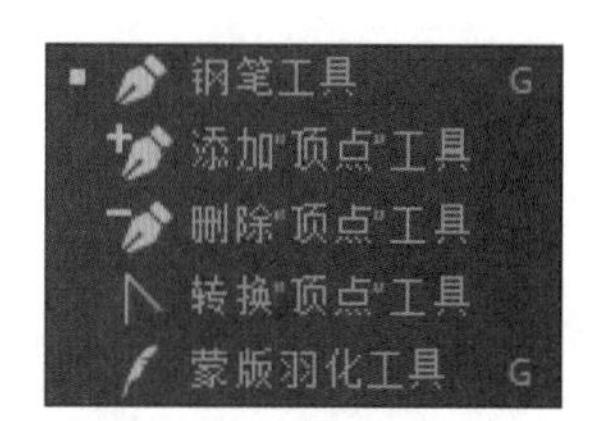

图 2-25 钢笔工具组

图 2-26 得到蒙版形状

图 2-27 为图像绘制蒙版的前后对比效果

（2）添加“顶点”工具。

【添加“顶点”工具】可以为蒙版路径添加控制点，以便更加精细地调整蒙版形状。选中素材，在工具栏中将光标定位在【钢笔工具组】上，并长按鼠标左键在【钢笔工具组】中选择【添加“顶点”工具】，如图 2-28 所示。然后将光标定位在画面中蒙版路径合适位置处，当光标变为【添加“顶点”工具】时，单击鼠标左键为此处添加顶点。

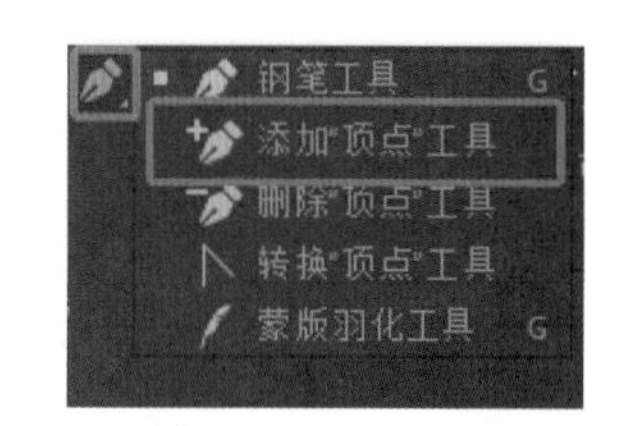

图 2-28 添加“顶点”工具

此外，如果使用【钢笔工具】绘制蒙版，那么可直接将光标定位在蒙版路径上，为蒙版路径添加“顶点”。此时添加的“顶点”与其他控制点相同，将光标定位在该“顶点”处，当光标变成黑色箭头时，按住鼠标左键并拖动至合适位置，即可调整蒙版的形状，如图 2-29 所示。

图 2-29　调整蒙版的形状

（3）删除“顶点”工具。

【删除“顶点”工具】可以为蒙版路径减少控制点，选中素材，在工具栏中将光标定位在【钢笔工具组】上，并长按鼠标左键在【钢笔工具组】中选择【删除“顶点”工具】。然后将光标定位在画面中蒙版路径上需要删除的“顶点”位置，当光标变成【删除“顶点”工具】时，单击鼠标左键即可删除该顶点，如图 2-30 所示。

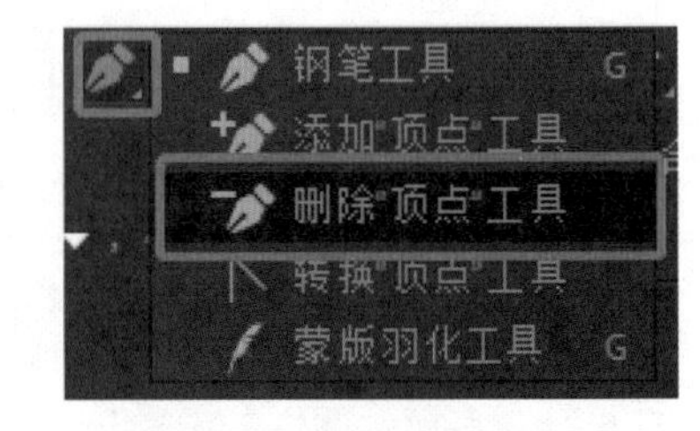

图 2-30　删除“顶点”工具

此外，当使用【钢笔工具】绘制蒙版完成后，还可以按住 Ctrl 键同时单击需要删除的顶点，即可完成删除顶点操作。

（4）转换“顶点”工具。

【转换“顶点”工具】可以使蒙版路径的控制点变得平滑或变成硬转角。选中素材，在工具栏中将光标定位在【钢笔工具组】上，并长按鼠标左键在【钢笔工具组】中选择【转换“顶点”工具】，如图 2-31 所示。然后将光标定位在画面中蒙版路径上需要删除的“顶点”位置，当光标变成【转换“顶点”工具】时，单击鼠标左键，即可将该“顶点”对应的边角转换为硬边角或平滑顶点，如图 2-32 所示。

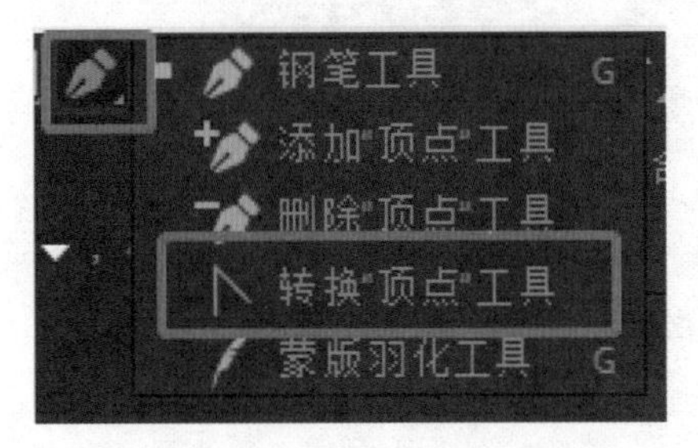

图 2-31　转换“顶点”工具

图 2-32　边角转换为硬边角

使用【钢笔工具组】绘制蒙版完成后，也可直接将光标定位在蒙版路径上需要转换的顶点上，按住 Alt 键的同时单击该顶点，将该顶点转换为硬转角。

除此之外，还可以将硬转角的顶点变为平滑的顶点。按住 Alt 键，同时单击并拖曳硬转角的顶点即可将其变平滑。

（5）蒙版羽化工具。

【蒙版羽化工具】可以调整蒙版边缘的柔和程度。在素材上方绘制完蒙版后，在【时间】面板中，选中素材下的【蒙版】|【蒙版 1】，在工具栏中将光标定位在【钢笔工具组】上，并长按鼠标左键在【钢笔工具组】中选择【蒙版羽化工具】，如图 2-33 所示。然后在【合成】面板中将光标移动到蒙版路径位置，当光标变成【蒙版羽化工具】时，按住鼠标左键并拖曳即可柔化当前蒙版，如图 2-34 所示为使用该工具前后对比效果。

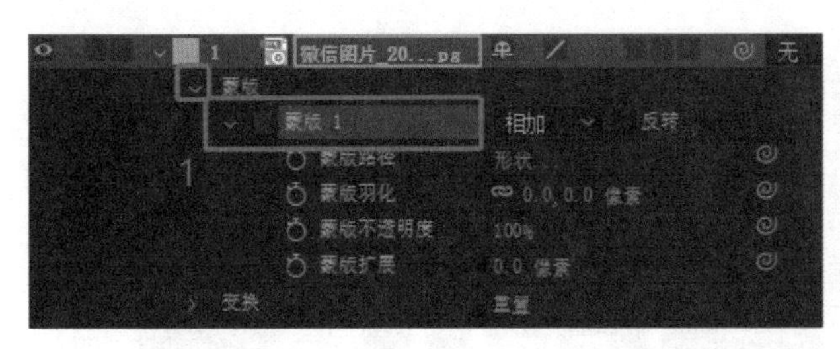

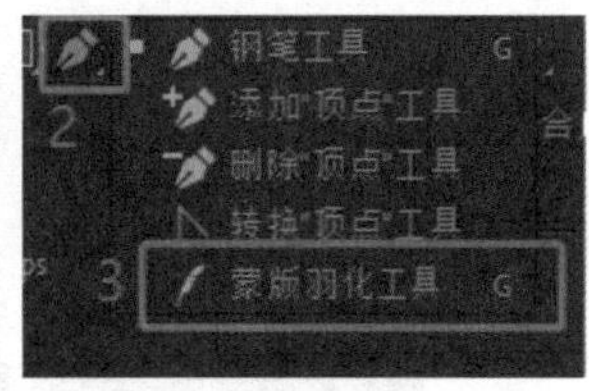

图 2-33　蒙版羽化工具

图 2-34　使用该工具前后对比效果

将光标定位在【合成】面板中的蒙版路径上，按住鼠标左键向蒙版外侧拖曳可使蒙版羽化效果作用于蒙版区域外，按住鼠标左键向蒙版内侧拖动可使蒙版羽化效果作用于蒙版区域内，对比效果如图 2-35 所示。

图 2-35　对比效果

2. 改变形状

【改变形状】效果可以改变图像中某一部分的形状。选中素材，在菜单栏中执行【效果】|【扭曲】|【改变形状】命令，此时参数设置如图 2-36 所示。

① 源蒙版：设置来源遮罩。

② 目标蒙版：设置目标遮罩。

③ 边界蒙版：设置边界遮罩。

④ 百分比：设置变化程度百分比。

⑤ 弹性：设置效果弹性。

⑥ 计算密度：设置差值方向为分离、线性或平滑。

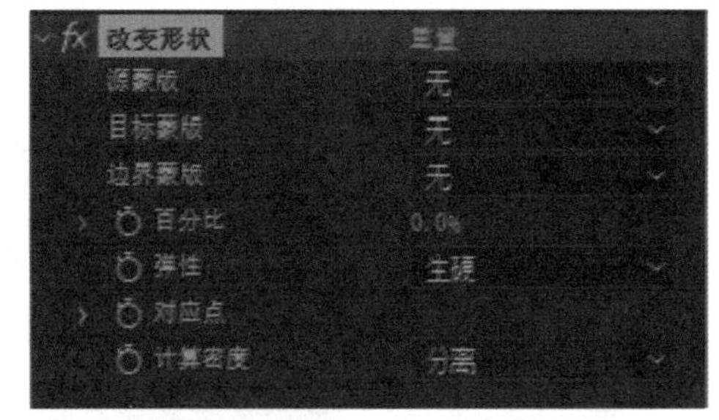

图 2-36　改变形状

3. 案例实训：人物变脸动画

步骤一：选择【文件】|【导入】|【文件】命令，弹出【导入文件】对话框，在【导入文件】对话框中选择【表情 01.jpg】和【表情 02.jpg】，单击【导入】按钮，将素材文件导入【项目】面板中，如图 2-37 所示。

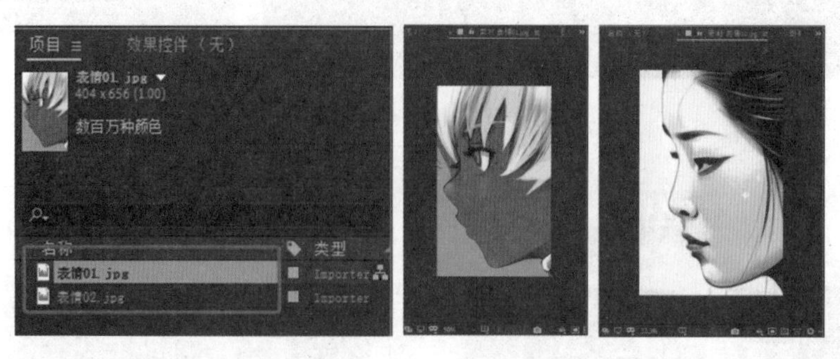

图 2-37　步骤一

步骤二：选择【合成】|【新建合成】命令，弹出【合成设置】对话框，如图 2-38 所示，将其命名为【变脸】，设置其大小为 1150px × 2055px，【持续时间】为 2 秒。

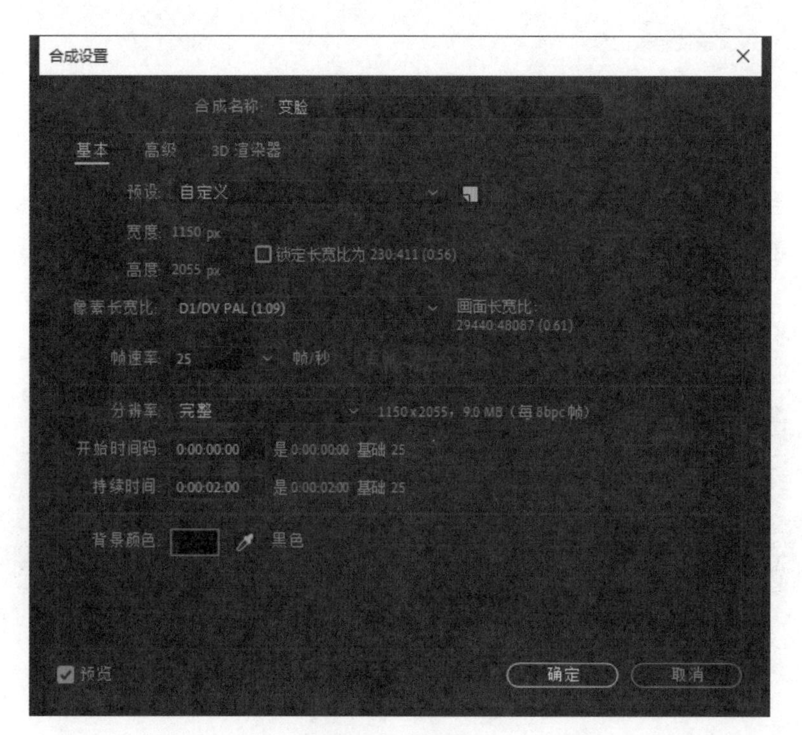

图 2-38　步骤二

步骤三：按住 Ctrl 键，选中【表情 01.jpg】和【表情 02.jpg】，将其拖入【时间轴】面板，准备编辑。单击分辨率图标使其变为高分辨率状态。

步骤四：在【时间轴】面板中，同时选中第 1 层和第 2 层，按住 Ctrl+D 组合键，将第 1 层和第 2 层各复制一层，如图 2-39 所示。

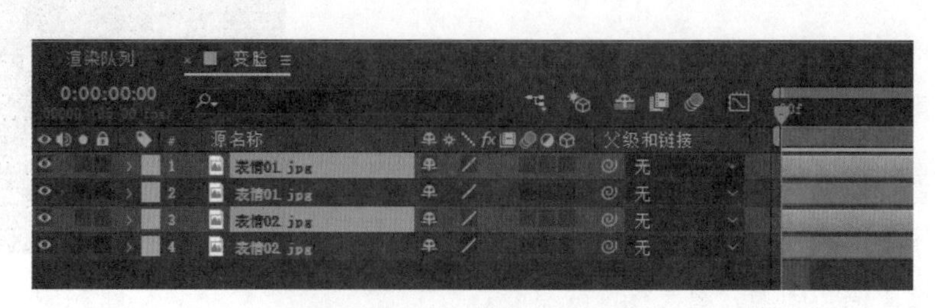

图 2-39　步骤三和步骤四

步骤五：拖动【时间轴】面板中的横轴，调节每层的时间长度，第 1 层和第 4 层的时间长度为 22 帧，第 2 层和第 3 层的时间长度为 14 帧，第 2 层、第 3 层将用于添加变脸的过渡特效，结果如图 2-40 所示。

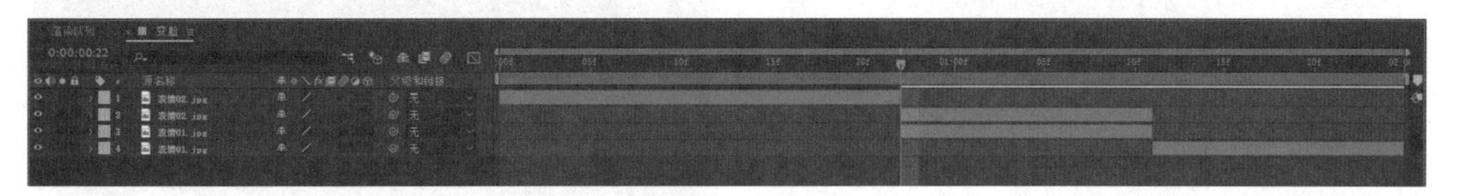

图 2-40　步骤五

步骤六：在工具栏中选择【钢笔工具】，在第 2 层和第 3 层中沿人物的轮廓绘制一个封闭的蒙版，如图 2-41 所示。

步骤七：相互复制对方蒙版层，并且设置叠加方式，如图 2-42 所示。

图 2-41　步骤六

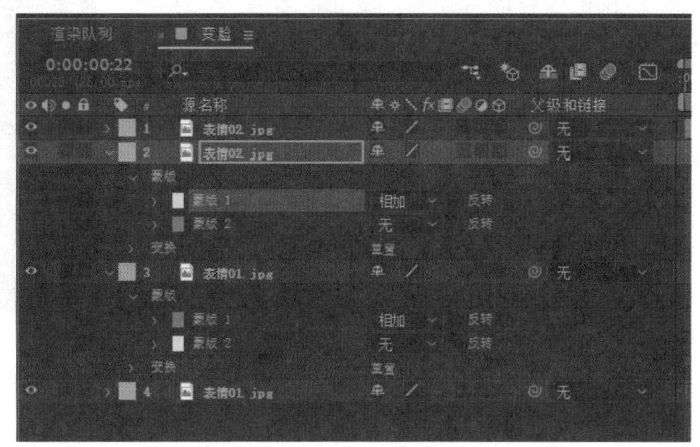

图 2-42　步骤七

步骤八：将时间指示器移动到 22 帧处，选择第 2 层，选择【效果】|【扭曲】|【改变形状】命令，展开【改变形状】选项组，参数设置如图 2-43 所示。

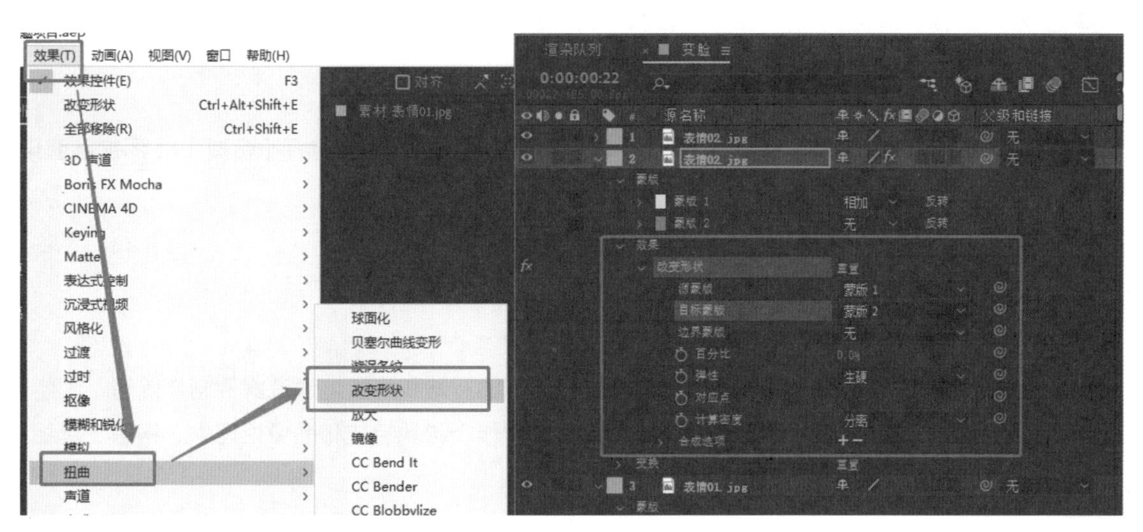

图 2-43　步骤八

步骤九：确定时间指示器移动到 22 帧处，单击【百分比】按钮前的码表按钮，添加一个关键帧，输入数值为 0；将时间指示器移动到 1 秒 11 帧处，输入数值为 100%，此时会自动添加一个关键帧。

步骤十：再次将时间指示器移动到 22 帧处，选择第 3 层，选择【效果】|【扭曲】|【改变形状】命令，展开【改变形状】选项组，参数设置如图 2-44 所示。

步骤十一：确定时间指示器移动到 22 帧处，单击【百分比】按钮前的码表按钮，添加一个关键帧，输入数值为 100%；将时间指示器移动到 1 秒 11 帧处，输入数值为 0，此时会自动添加一个关键帧，输入值与第 2 层相反。

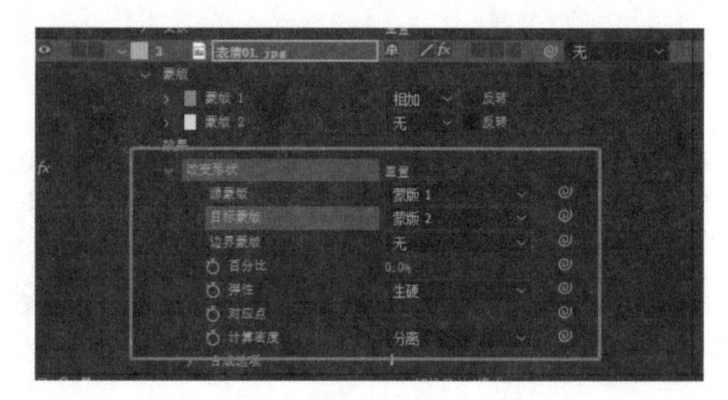

图 2-44　步骤十

步骤十二：将时间指示器拖动到第 22 帧处，选中第 2 层，在键盘上按下 T 键，单击“不透明度”前面的码表按钮，添加一个关键帧；设置【不透明度】选项的数值为 100%；将时间调整到 1 秒 2 帧处，设置【不透明度】选项的数值为 0。

步骤十三：复制蒙版 1 到第 4 层，复制蒙版 2 到第 1 层，且均设置叠加方式为【相加】，如图 2-45 所示。

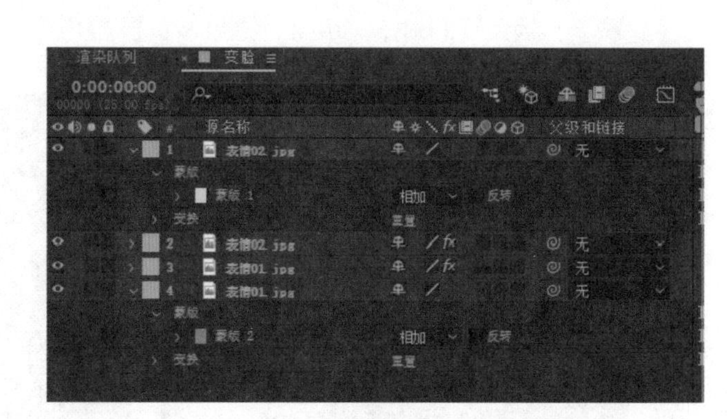

图 2-45　步骤十三

步骤十四：确定时间指示器在起始位置，单击鼠标右键，选择【新建】|【纯色】命令，弹出【纯色设置】对话框，设置【颜色】为白色，单击【确定】按钮。选择【图层】|【排列】|【将图层置于底层】命令，或使用快捷键 Ctrl+Shift+[，将其移动到最底层，如图 2-46 所示。至此人物变脸动画制作完成。

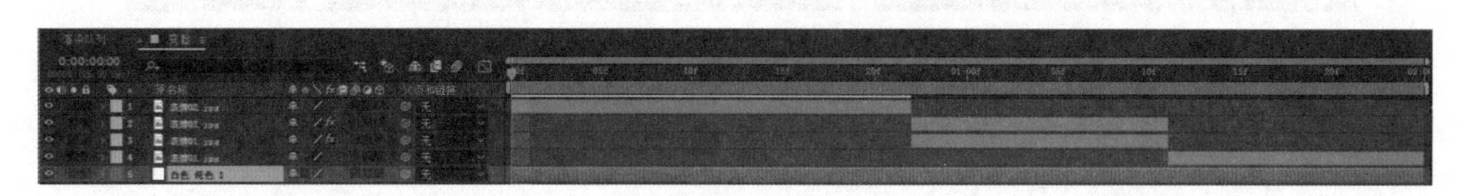
图 2-46　步骤十四

步骤十五：选择【文件】|【保存】命令，保存文件。

步骤十六：在【预览】窗口中单击▶按钮，进行项目预览。预览完成后，选择【合成】|【添加到渲染队列】命令，渲染输出。

三、学习任务小结

本次任务学习了钢笔工具组和改变形状命令的应用和编辑的方法和步骤。通过案例制作练习，同学们已经初步掌握了钢笔工具组和改变形状命令的使用技巧。在后期制作、影视特效和图像处理中，钢笔工具组是常用的遮罩绘制工具，后期还需要同学们多加练习，巩固操作技能。

四、课后作业

（1）每位同学使用钢笔工具在照片中绘制一个封闭的遮罩蒙版，分别对蒙版应用添加“顶点”工具、删除“顶点”工具、转换“顶点”工具和蒙版羽化工具。

（2）运用两种不同的小动物制作一个变脸视频。

文字动画

教学目标

（1）专业能力：掌握文字基本应用知识及技巧。

（2）社会能力：能灵活运用文本工具命令进行作品制作。

（3）方法能力：信息和资料的搜集能力、案例分析能力。

学习目标

（1）知识目标：掌握创建文字、文本工具、设置文字参数的方法和技巧。

（2）技能目标：能运用创建文字、文本工具、设置文字参数命令进行作品制作。

（3）素质目标：能够清晰表达自己设计的过程和思路，具备较好的语言表达能力。

教学建议

1. 教师活动

（1）教师展示课前收集的设计作品 aep 源文件，带领学生分析源文件中文本应用的效果及图层之间的关系。

（2）教师示范创建文字、文本工具、设置文字参数命令和调节图层基本属性的操作方法。

（3）引导学生分析其制作方法及过程，并应用到自己的练习作品中。

2. 学生活动

（1）观看教师示范案例制作，进行课堂练习。

（2）结合案例进行课堂讨论，积极参与，激发学生自主学习。

一、学习问题导入

各位同学，大家好！本次任务我们一起来学习文本工具的应用。文本的应用包括创建文字、文本工具、设置文字参数命令等。

二、学习任务讲解

1. 创建文字

无论在何种视觉媒体中，文字都是必不可缺的设计元素之一，它能准确地表达作品所阐述的信息，同时也是丰富画面的重要途径。在 After Effects 中，创建文本的方式有两种。

（1）在【时间轴】面板中进行创建。

在【时间轴】面板中的空白位置处单击鼠标右键执行【新建】|【文本】命令，如图 2-47 所示。

新建完成后，可以在【合成】面板中出现一个光标符号，此时处于输入文字状态，如图 2-48 所示。

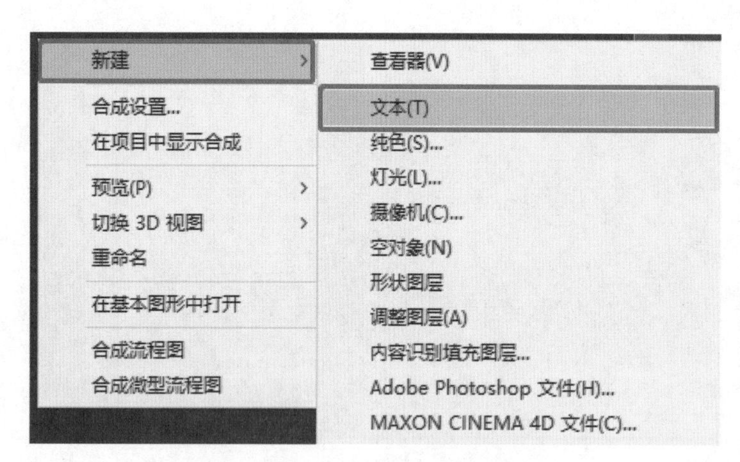

图 2-47 在【时间轴】面板中进行创建（1）

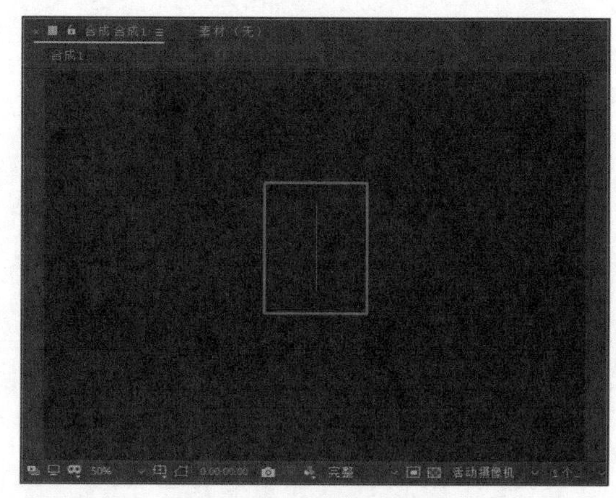

图 2-48 在【时间轴】面板中进行创建（2）

（2）在菜单栏中（或使用快捷键）进行创建。

在菜单栏中执行【图层】|【新建】|【文本】命令（或使用快捷键 Ctrl+Shift+Alt+T），即可创建文本图层，如图 2-49 所示。

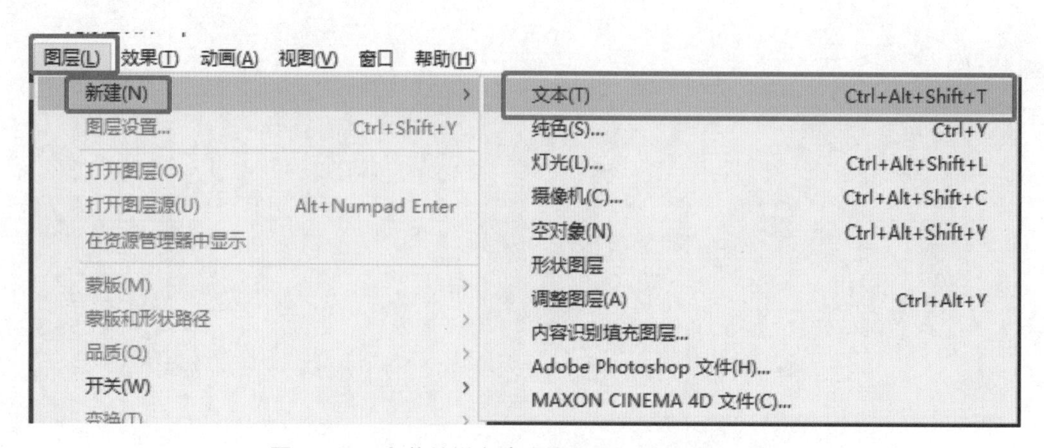

图 2-49 在菜单栏中（或使用快捷键）进行创建

2. 文本工具

（1）创建横排文字。

在工具栏中选择【横排文字工具】，或使用快捷键 Ctrl+T，然后在【合成】面板中单击鼠标左键，此时可以看到在【合成】面板中出现了一个输入文字的光标符号，接着即可输入文本，如图 2-50 所示。

（2）创建竖排文字。

在工具栏中长按【文字工具组】，或使用快捷键 Ctrl+T，选择【竖排文字工具】，然后在【合成】面板中单击鼠标左键，此时可以看到在【合成】面板中出现了一个输入文字的光标符号，接着即可输入文本，如图 2-51 所示。

图 2-50　创建横排文字

图 2-51　创建竖排文字

（3）创建段落文字。

在工具栏中选择【横排文字工具】，或使用快捷键 Ctrl+T，然后在【合成】面板中单击鼠标左键，此时可以看到在【合成】面板中合适位置处按住鼠标左键并拖曳至合适大小，绘制文本框，接着即可输入文本，如图 2-52 所示。

在工具栏中选择【竖排文字工具】，或使用快捷键 Ctrl+T，然后在【合成】面板中单击鼠标左键，此时可以看到在【合成】面板中合适位置处按住鼠标左键并拖曳至合适大小，绘制文本框，接着即可输入文本，如图 2-53 所示。

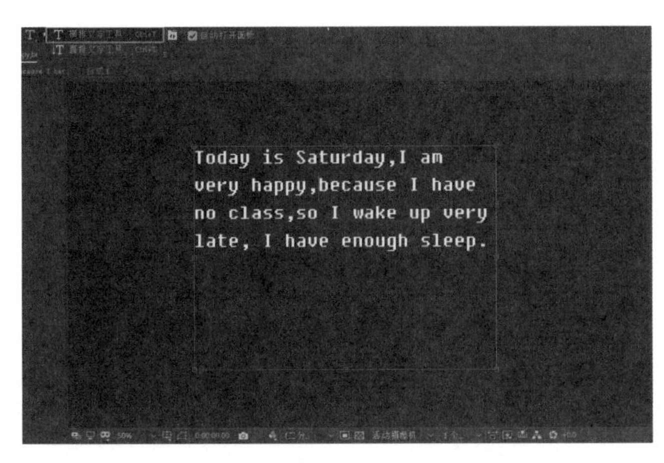

图 2-52　在工具栏中选择【横排文字工具】

图 2-53　在工具栏中选择【竖排文字工具】

3. 设置文字参数

在 After Effects 中创建文字后，可以进入【字符】面板和【段落】面板修改文字。

（1）【字符】面板。

【字符】面板可以对字体的基本属性进行设置，如图 2-54 所示。

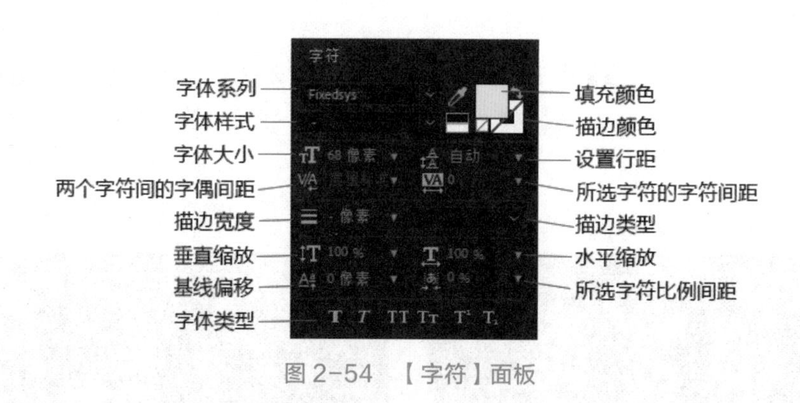

图 2-54 【字符】面板

① 字体系列：在【字体系列】下拉菜单中可以选择应用的字体类型。在选择某一种字体后，当前所选文字即应用该字体。

② 字体样式：在设置【字体系列】后，有些字体还可以对其样式进行选择。在【字体样式】下拉菜单中可以选择应用的字体样式。在选择某一种字体后，当前所选文字即应用该样式。

③ 填充颜色：在【字符】面板中单击【填充颜色】色块，在弹出的【文本颜色】面板中设置合适的文字颜色，也可以使用【吸管工具】直接吸取所需颜色。

④ 描边颜色：在【字符】面板中双击【描边颜色】色块，在弹出的【文本颜色】面板中设置合适的文字描边颜色，也可以使用【吸管工具】直接吸取所需颜色。

⑤ 字体大小：可以在【字体大小】下拉菜单中选择预设的字体大小，也可在数值处按住鼠标左键并左右拖曳或在数值处单击直接输入数值。

⑥ 行距：用于段落文字，设置行距数值可调节行与行之间的距离。

⑦ 两个字符间的字偶间距：设置光标左右字符之间的距离。

⑧ 所选字符的字符间距：设置所选字符的字符之间的距离。

⑨ 描边宽度：设置描边的宽度。

⑩ 描边类型：单击【描边类型】下拉菜单可设置描边类型。

⑪ 垂直缩放：可以垂直拉伸文本。

⑫ 水平缩放：可以水平拉伸文本。

⑬ 基线偏移：可上下平移所选字符。

⑭ 所选字符比例间距：设置所选字符之间的比例间距。

⑮ 字体类型：设置字体类型，包括【仿粗体】、【方斜体】、【全部大写字母】、【小型大写字母】、【上标】、【下标】。

（2）【段落】面板。

【段落】面板可以设置文本的对齐方式、缩进和边距，如图 2-55 所示。

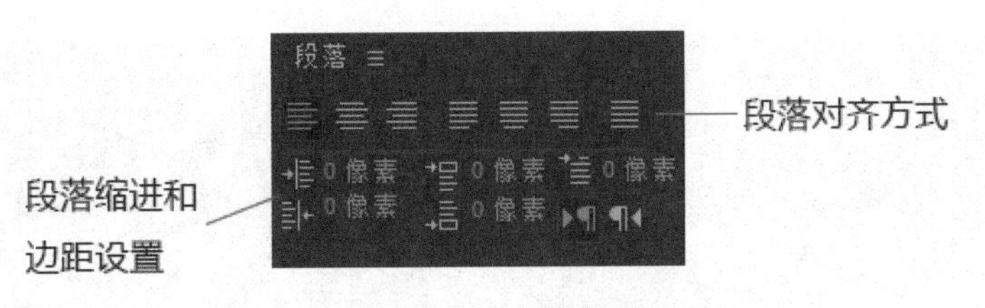

图 2-55 【段落】面板

① 段落对齐方式。

【段落】面板一共包含 7 种对齐方式，分别为【居左对齐文本】、【居中对齐文本】、【居右对齐文本】、【最后一行左对齐】、【最后一行居中对齐】、【最后一行右对齐】和【两端对齐】，如图 2-56 所示。

② 段落缩进和边距设置。

【段落】面板包括【缩进左边距】、【缩进右边距】和【首行缩进】3 种段落缩进方式，【段落添加空格】和【段后添加空格】2 种设置边距方式，如图 2-57 所示。

图 2-56 对齐方式

图 2-57 段落缩进和边距设置

4. 案例实训：千层蛋糕文字片头

步骤一：在【合成】面板中单击鼠标右键执行【新建合成】，在弹出的【合成设置】对话框中设置【合成名称】为“文字”，【预设】为“HDTV 1080 25”，【持续时间】为 5 秒，单击【确定】按钮，如图 2-58 所示。

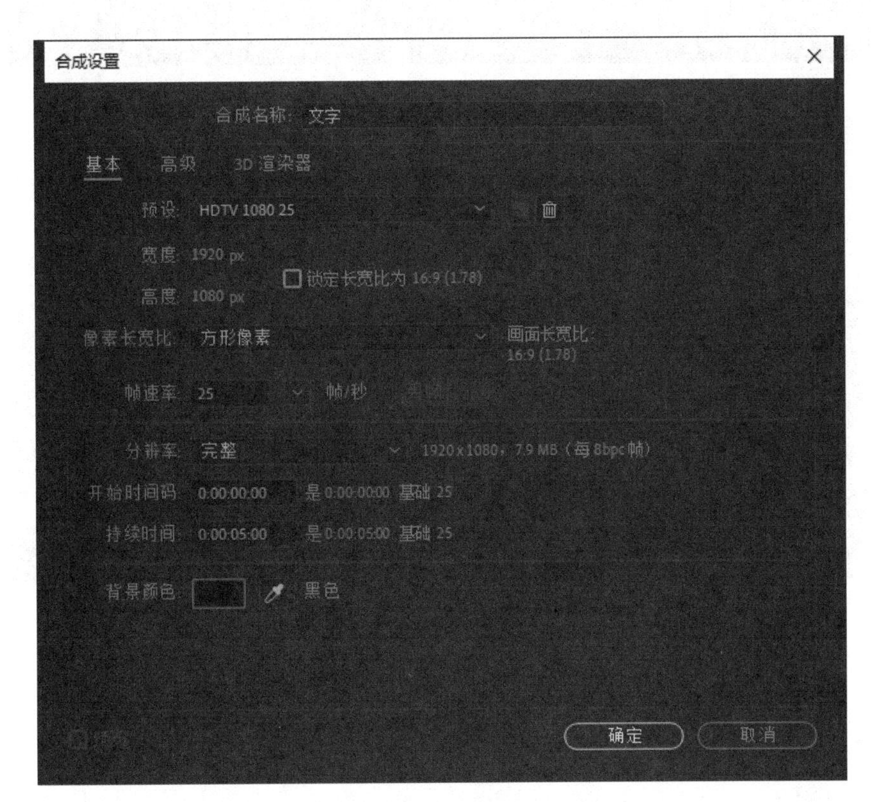

图 2-58 步骤一

步骤二：在【时间轴】面板中新建一个文本，输入合适的文字，并设置颜色，如图 2-59 所示。

步骤三：在【时间轴】面板中新建一个空对象层，与文字层建立父子关系。

图 2-59　步骤二

步骤四：在【时间轴】面板中，选择文字图层，鼠标左键点击【父级关联器】并将其拖曳至空对象层，如图 2-60 所示。

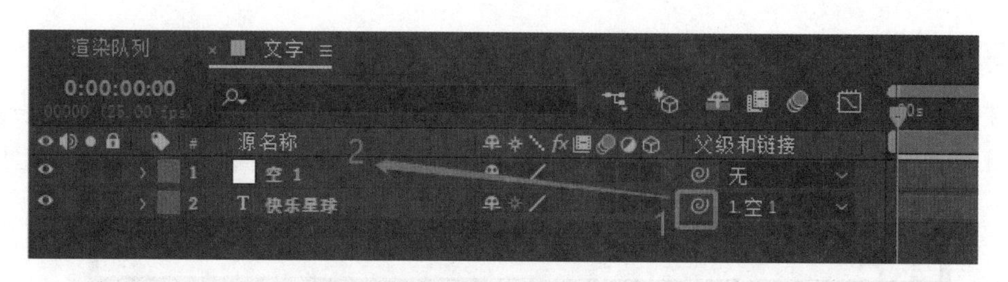

图 2-60　步骤四

步骤五：制作文字压扁效果。在【时间轴】面板中，选择空对象层，使用快捷键 S，打开其缩放属性。点击【约束比例】按钮，取消约束比例关系，调整参数为“100.0,50.0%”，如图 2-61 所示。

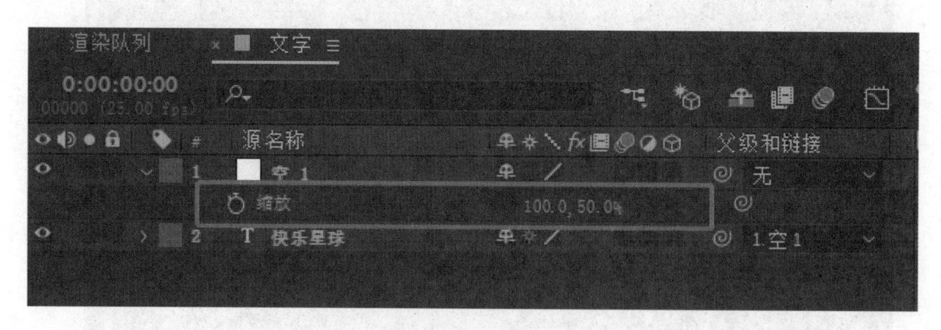

图 2-61　步骤五

步骤六：制作文字躺在地面的效果。在【时间轴】面板中，选择文字层，使用快捷键 R，打开其旋转属性，调整参数为“0_x+45.0°”，完成效果如图 2-62 所示。

步骤七：在【时间轴】面板中，选中空白对象层和文字层，使用【图层】|【预合成】或快捷键 Ctrl+Shift+C 建立预合成，【预合成】设置如图 2-63 所示。

步骤八：在【项目】窗口中选择文字层合成，使用快捷键 Ctrl+D 进行复制，并将复制出的新合成重命名为“描边”，如图 2-64 所示。

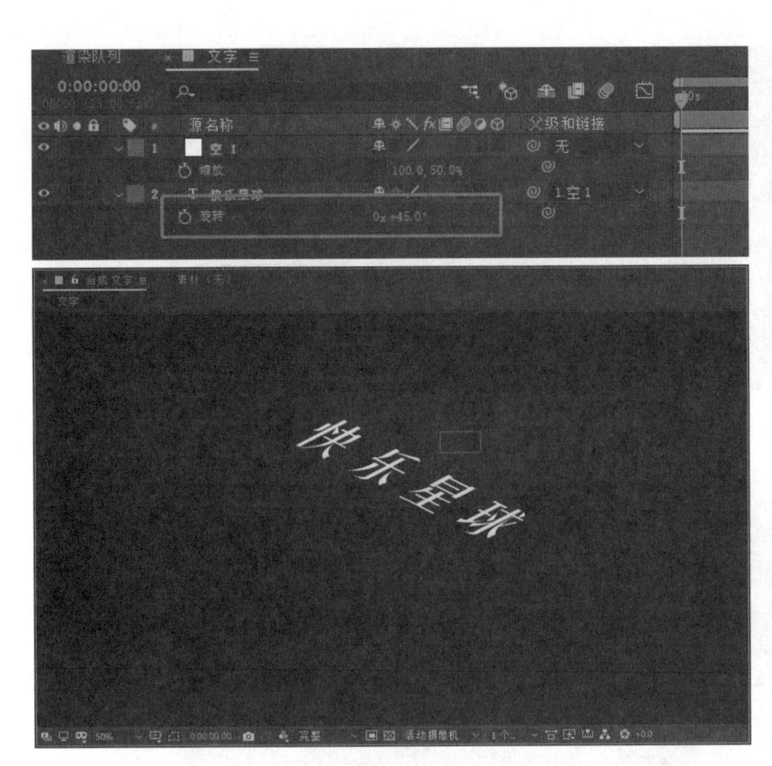

图 2-62　步骤六

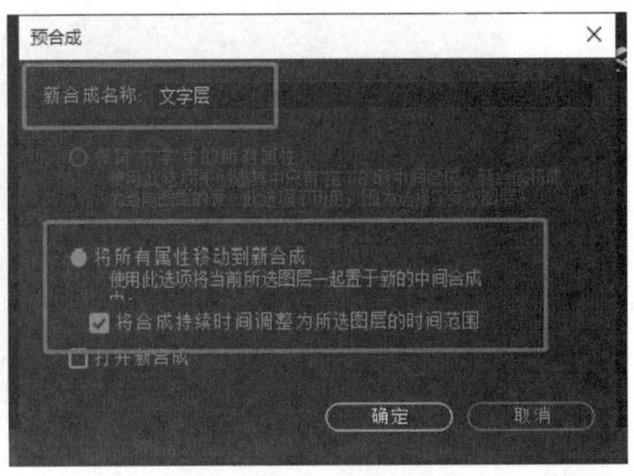

图 2-63　步骤七

图 2-64　步骤八

步骤九：进入描边合成，选择文字层，在【字符】面板中修改参数，【填充颜色】为无填充，【描边颜色】与原字体颜色匹配，【描边宽度】为 1，完成效果如图 2-65 所示。

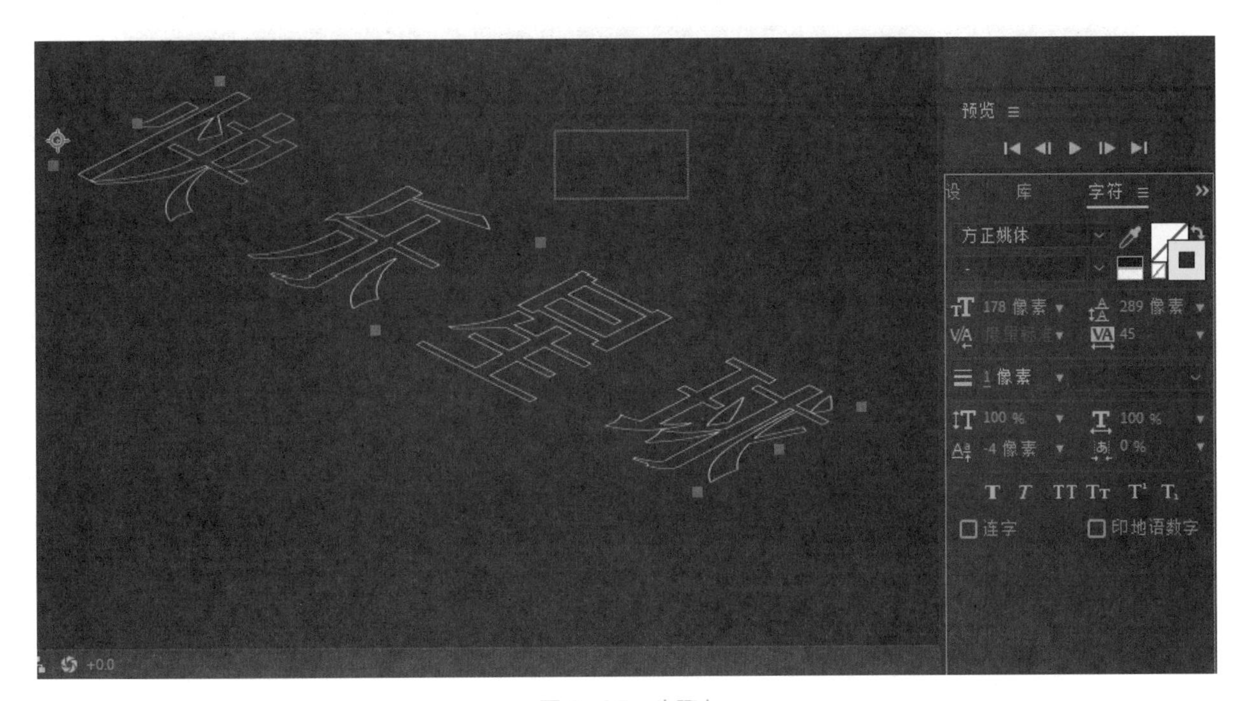

图 2-65　步骤九

步骤十：新建一个合成，命名为“千层蛋糕文字”，在【项目】窗口中将文字层合成和描边合成拖入【时间轴】中，并使用快捷键 Ctrl+D 复制出三个描边层，如图 2-66 所示。

步骤十一：新建一个空对象层，然后把文字层和所有描边层与空对象层建立父子链接，如图 2-67 所示。

步骤十二：在【时间轴】面板中，选择文字层和所有描边层，使用快捷键 P，展开它们的位置属性，在 0 秒 0 帧的地方，点击位置属性前的【时间变化码表】，记录第一个关键帧，如图 2-68 所示。

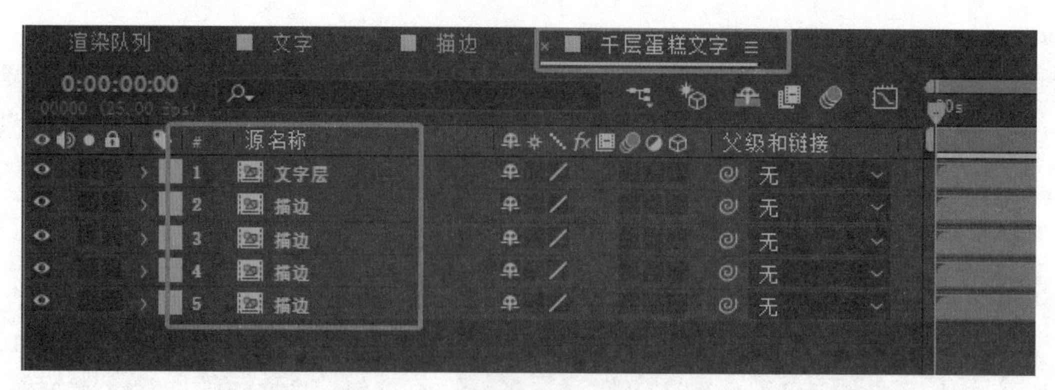

图 2-66　步骤十

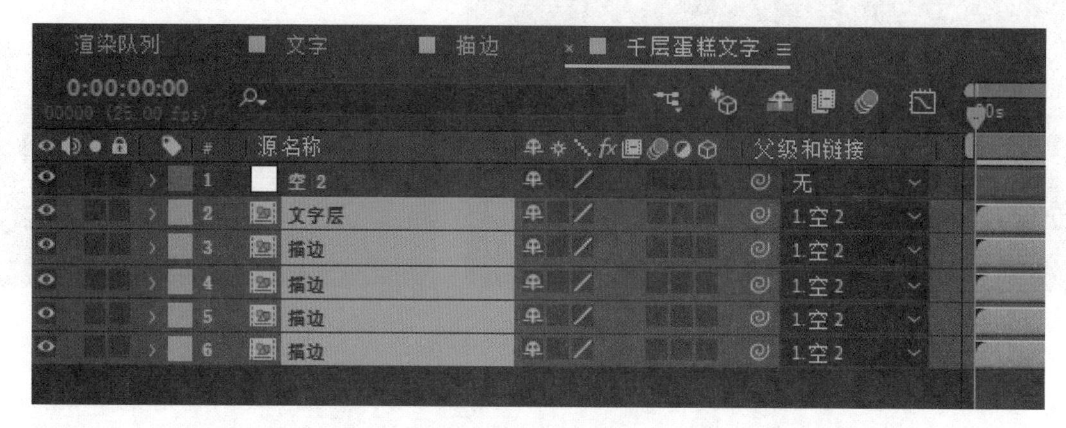

图 2-67　步骤十一

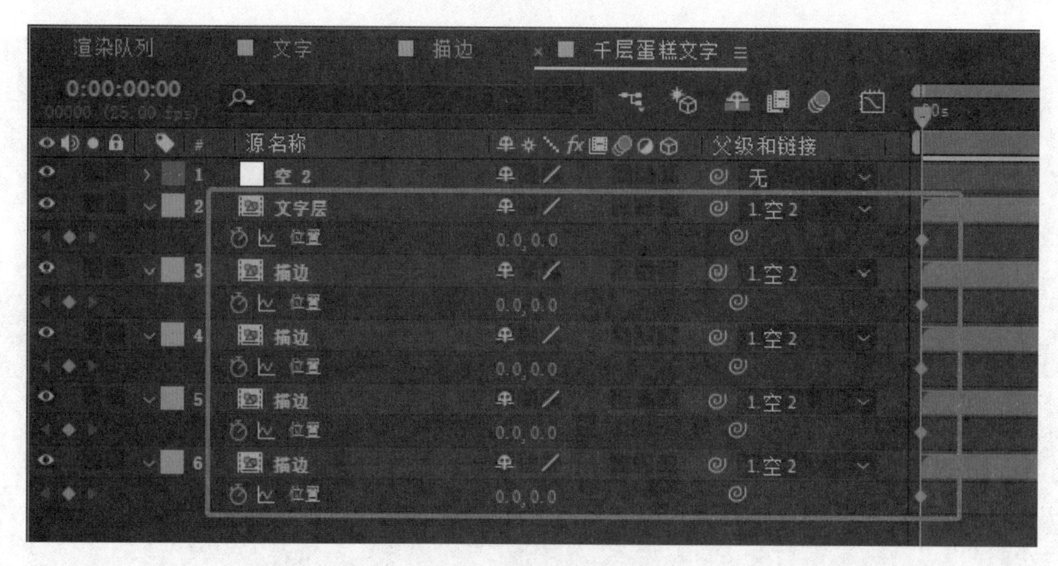

图 2-68　步骤十二

步骤十三：制作千层蛋糕效果，在【时间轴】面板中拖动【当前时间指示器】到 1 秒 0 帧处，分别调整图层的【位置】属性参数，设置原则是每一层比上面一层多 20 像素，参数如图 2-69 所示。调整后【合成】窗口中画面效果如图 2-70 所示。

步骤十四：预览播放，此时动态效果不流畅。选择文字层和所有描边层，框选所有关键帧，使用快捷键 F9，使关键帧变成缓入缓出关键帧，如图 2-71 所示。

步骤十五：制作文字闪烁效果。在【时间轴】面板中，选择文字层和所有描边层，使用快捷键 T，展开【不透明度属性】，在 0 秒 0 帧设置【不透明度】为 0，在 0 秒 1 帧设置【不透明度】为 100%，在 0 秒 2 帧设置【不透明度】为 0，完成一次闪烁效果，如图 2-72 所示。

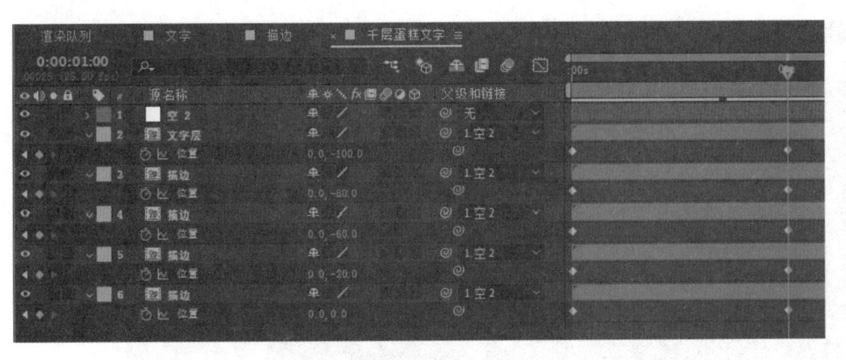

图 2-69　步骤十三（1）

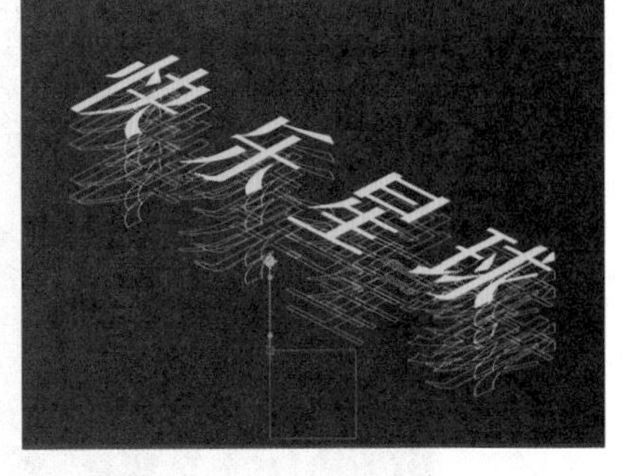

图 2-70　步骤十三（2）

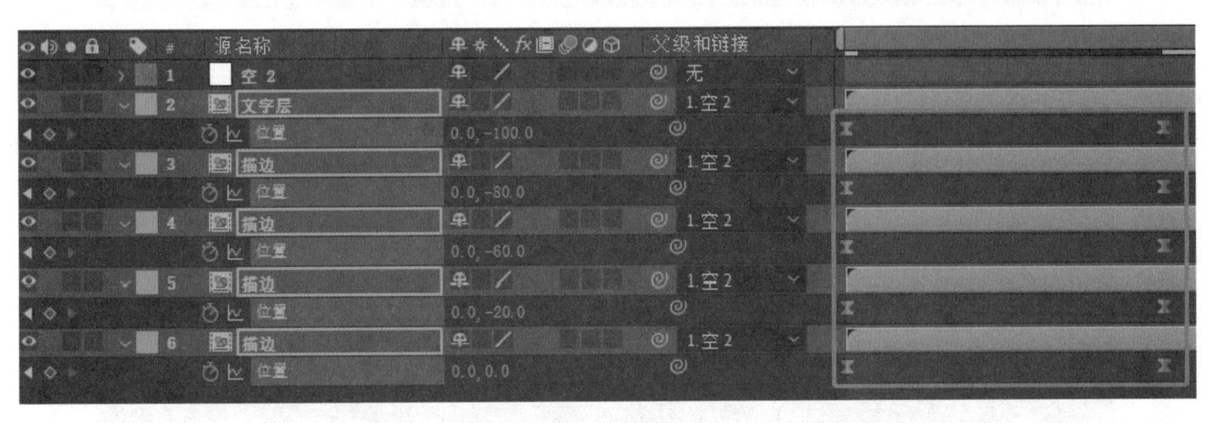

图 2-71　步骤十四

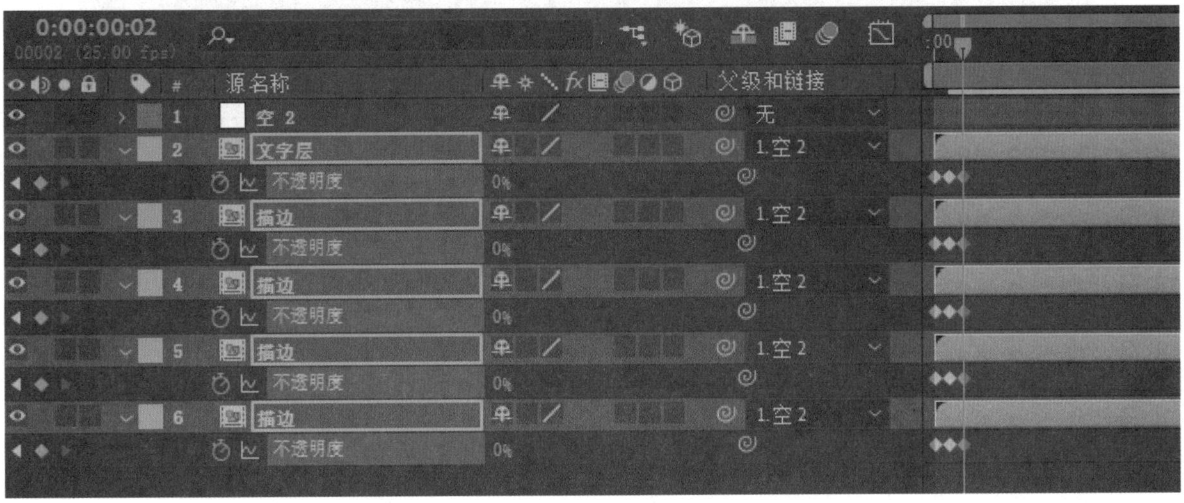

图 2-72　步骤十五

步骤十六：运用同样的【不透明度】参数设置闪烁效果操作，在每个文字图层中复制两次，共完成三次闪烁制作，每次间隔可自由设置，但要在最后一次闪烁后添加一个关键帧，保证【不透明度】为100%，如图 2-73 所示。至此千层蛋糕文字效果已基本完成。

步骤十七：如千层蛋糕文字的大小、角度或位置等不合适，可以直接运用【时间轴】面板中的空白对象层的【变换】属性进行调整，如图 2-74 所示。

步骤十八：选择【文件】|【保存】命令，保存文件。

步骤十九：在【预览】窗口中单击▶按钮，进行项目预览。预览完成后，选择【合成】|【添加到渲染队列】命令，渲染输出。

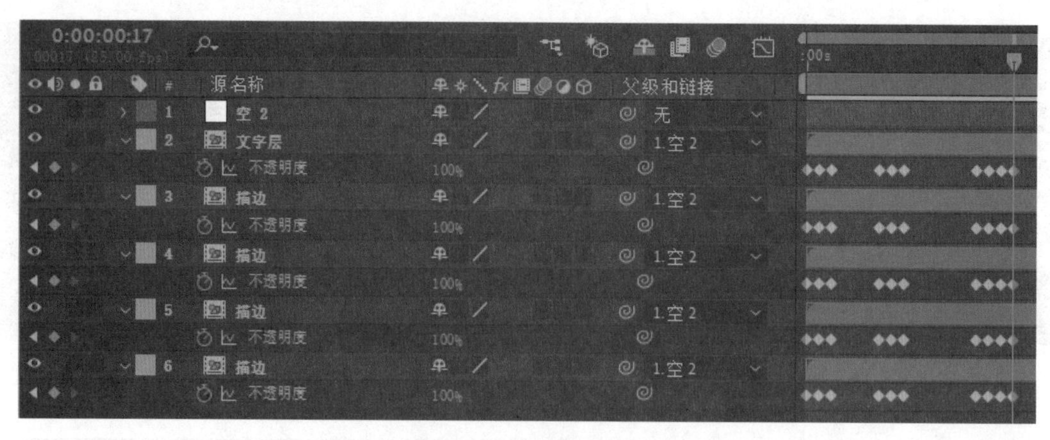

图 2-73　步骤十六

图 2-74　步骤十七

三、学习任务小结

本次任务讲解了文本工具的应用和编辑的方法和步骤。通过案例制作练习，同学们已经初步掌握了文字动画的制作技巧。在后期制作、影视特效和图像处理中，文本工具的应用是常用的基础命令，后期还需要同学们多加练习，巩固操作技能。

四、课后作业

（1）每位同学分别新建文字图层、形状图层、填充图层。

（2）运用自己的名字制作一款千层蛋糕效果的文字动画。

蒙版动画

教学目标

（1）专业能力：掌握蒙版动画基本应用知识及技巧。

（2）社会能力：能灵活运用蒙版图层进行作品制作。

（3）方法能力：信息和资料的搜集能力、案例分析能力。

学习目标

（1）知识目标：掌握蒙版的原理、常用的蒙版工具、形状工具组的使用方法和技巧。

（2）技能目标：能运用蒙版的原理、常用的蒙版工具、形状工具组命令进行作品制作。

（3）素质目标：能够清晰表达自己设计的过程和思路，具备较好的语言表达能力。

教学建议

1. 教师活动

（1）教师展示课前收集的设计作品 aep 源文件，带领学生分析源文件中蒙版应用的效果及图层之间的关系。

（2）教师示范蒙版的原理、常用的蒙版工具、形状工具组命令的操作方法。

（3）引导学生分析其制作方法及过程，并应用到自己的练习作品中。

2. 学生活动

（1）观看教师示范案例，进行课堂练习。

（2）结合案例进行课堂讨论，积极参与，激发自主学习。

一、学习问题导入

各位同学，大家好！本次任务我们一起来学习蒙版的应用。蒙版的应用包括蒙版的原理、常用的蒙版工具、蒙版与形状图层的区别、形状工具组等。

二、学习任务讲解

1. 蒙版的原理

蒙版即遮罩，可以通过绘制的蒙版使素材只显示区域内的部分，而区域外的素材则被蒙版覆盖不显示。同时还可以绘制多个蒙版层来达到更多元的视觉效果，如图 2-75 所示为作品设置蒙版效果。

图 2-75　作品设置蒙版效果

2. 常用的蒙版工具

在 After Effects 中，绘制蒙版的工具有很多，其中包括【形状工具组】、【钢笔工具组】、【画笔工具组】及【橡皮擦工具组】，常用的蒙版工具如图 2-76 所示。

图 2-76　常用的蒙版工具

3. 蒙版与形状图层的区别

（1）新建蒙版。

创建蒙版，首先需要选中图层，再选择蒙版工具进行绘制。

步骤一：新建一个纯色图层，并单击选中该图层，如图 2-77 所示。

步骤二：在工具栏中按下【矩形工具】，选择【多边形工具】，如图 2-78 所示。

步骤三：绘制多边形，此时出现了蒙版的效果，图形以外的部分不显示，只显示图形以内的部分，如图 2-79 所示。

（2）新建形状图层。

创建形状图层，则要求不选中图层，而选择工具进行绘制，绘制出的是一个单独的图案。

图 2-77　步骤一

图 2-78　步骤二

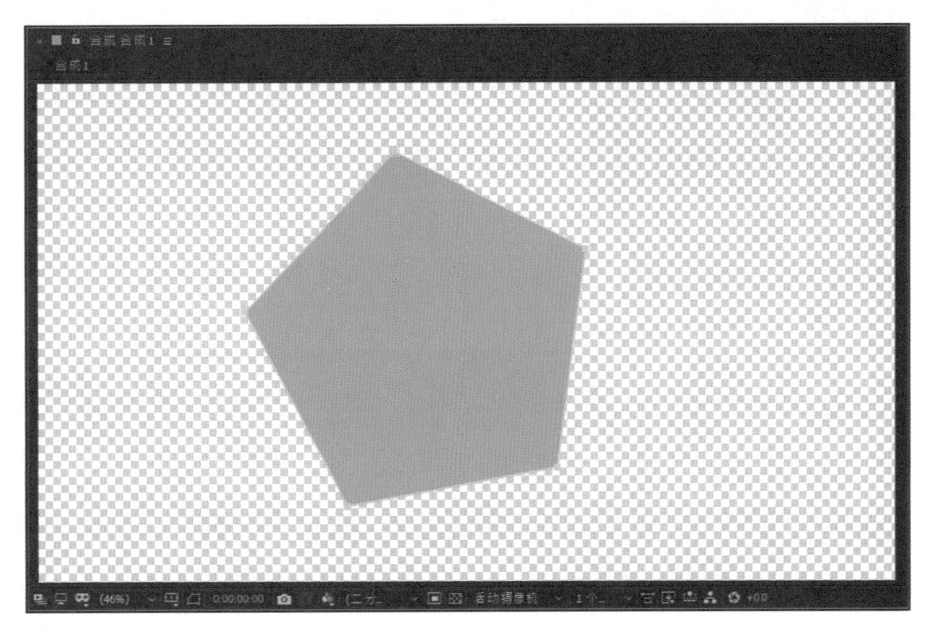

图 2-79　步骤三

步骤一：新建一个纯色图层，不要选中该图层，如图 2-80 所示。

步骤二：在工具栏中按下【矩形工具】，选择【多边形工具】并设置颜色。此时拖曳鼠标进行绘制，即可新建一个独立的形状图层，如图 2-81 所示。

图 2-80　步骤一

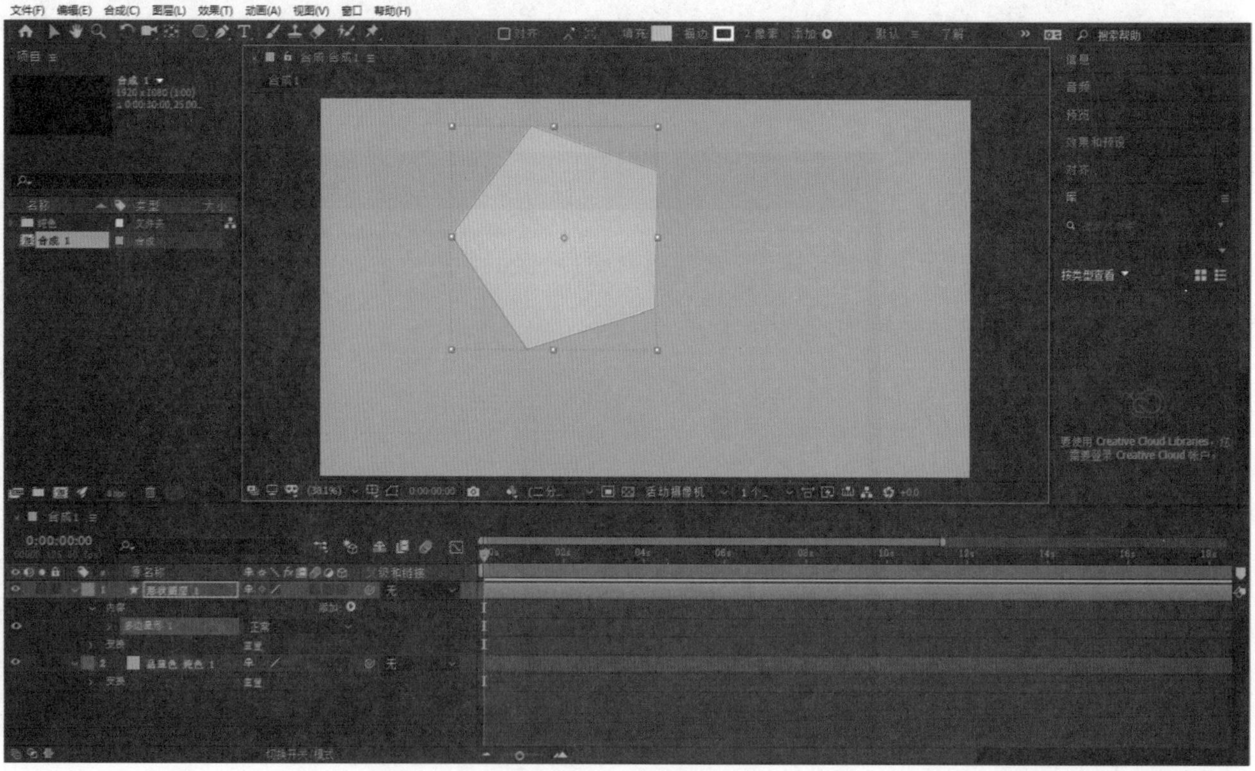

图 2-81　步骤二

4. 形状工具组

使用【形状工具组】可以绘制出多种规则或不规则的几何形状蒙版。其中包括【矩形工具】、【圆角矩形工具】、【椭圆工具】、【多边形工具】和【星形工具】，如图 2-82 所示。

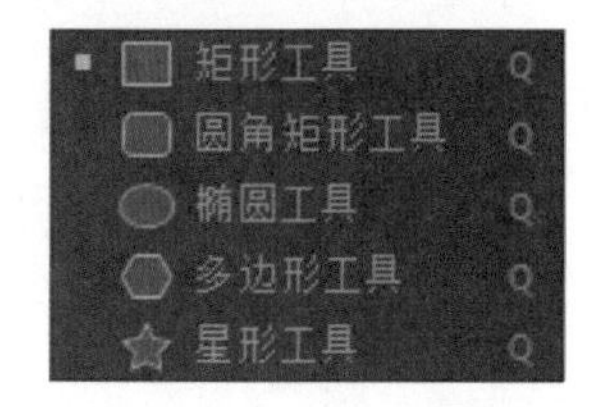

图 2-82　形状工具组

（1）矩形工具。

【矩形工具】可以为图像绘制正方形、长方形等形状蒙版。

① 绘制长方形蒙版。

选中素材，在工具栏中单击【矩形工具】，在【合成】面板中图像的合适位置按住鼠标左键，并拖曳至合适大小，得到长方形蒙版，如图 2-83 所示。图像绘制蒙版的前后对比效果如图 2-84 所示。

图 2-83　绘制长方形蒙版

未绘制蒙版

绘制蒙版

图 2-84　前后对比效果

② 绘制正方形蒙版。

选中素材，在工具栏中单击选择【矩形工具】，然后在【合成】面板中图像的合适位置处按住 Shift 键的同时，按住鼠标左键并拖曳至合适大小，得到正方形蒙版，如图 2-85 所示。图像绘制蒙版的前后对比效果如图 2-86 所示。

图 2-85　绘制正方形蒙版

未绘制蒙版

绘制蒙版

图 2-86　前后对比效果

③ 绘制多个蒙版。

选中素材，继续使用【矩形工具】，然后在【合成】面板中图像的合适位置处按住鼠标左键并拖曳至合适大小，得出另一个蒙版，如图 2-87 所示。用同样的方法可绘制多个蒙版，如图 2-88 所示。

图 2-87　绘制另一个蒙版

图 2-88　绘制多个蒙版

④ 调整蒙版形状。

在【时间轴】面板中单击选择【蒙版 1】，然后按住 Ctrl 键的同时，将光标定位在【合成】面板中的透明区域处，并单击鼠标左键，然后继续按住 Ctrl 键，将光标定位在蒙版一角的顶点处，按住鼠标左键并拖曳至合适位置，如图 2-89 所示。

⑤ 设置蒙版相关属性。

为图像绘制蒙版后，在【时间轴】面板中单击打开素材图层下方的【蒙版】|【蒙版 1】，即可设置相关参数，调整蒙版效果。此时【时间轴】面板参数如图 2-90 所示。

图 2-89　调整蒙版形状

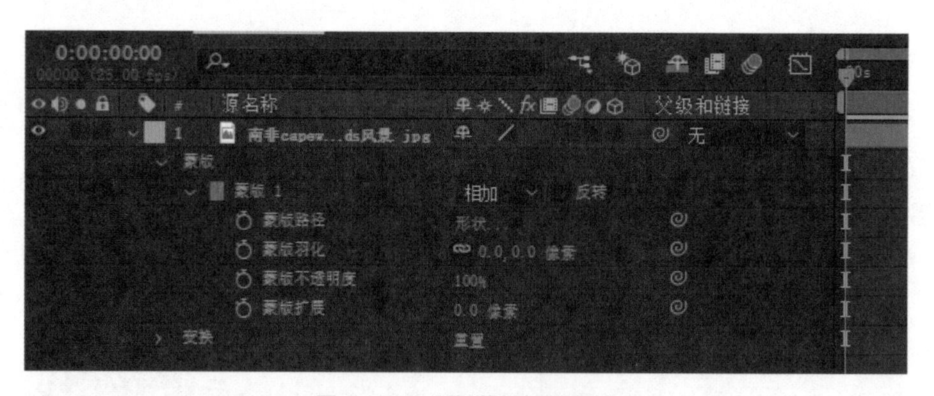

图 2-90　设置蒙版相关属性

a. 蒙版 1：在【合成】面板中绘制蒙版，按照蒙版绘制顺序可自动生成蒙版序号。

b. 模式：单击【模式】选框可在下拉菜单列表中选择合适的混合模式。

c. 反转：勾选选项可反转蒙版效果。

d. 蒙版路径：单击【蒙版路径】的【形状】，在弹出的【蒙版形状】对话框中设置蒙版定界框形状。

e. 蒙版羽化：设置蒙版边缘的柔和程度。

f. 蒙版不透明度：设置蒙版图像的透明程度。

g. 蒙版扩展：可扩展蒙版面积。

（2）圆角矩形工具。

【圆角矩形工具】可以绘制圆角矩形蒙版，使用方法及对其相关属性的设置与【矩形工具】相同。选中素材，在工具栏中将光标定位在【形状工具组】上，长按鼠标左键，在【形状工具组】中单击选择【圆角矩形工具】，如图 2-91 所示。然后在【合成】面板中图像的合适位置处按住鼠标左键并拖曳至合适大小，得到圆角矩形蒙版，如图 2-92 所示。

① 绘制正圆角矩形蒙版。

使用【圆角矩形工具】，在【合成】面板中图像的合适位置按住 Shift 键的同时，按住鼠标左键并拖曳至合适大小，此时在【合成】面板中即可出现正圆角矩形蒙版。

② 调整蒙版形状。

在【时间轴】面板中单击选择【蒙版 1】，然后按住 Ctrl 键的同时，将光标定位在【合成】面板中的透明区域处，并单击鼠标左键。然后将光标定位在蒙版一角的顶点处，按住鼠标左键并拖曳至合适位置，如图 2-93 所示。

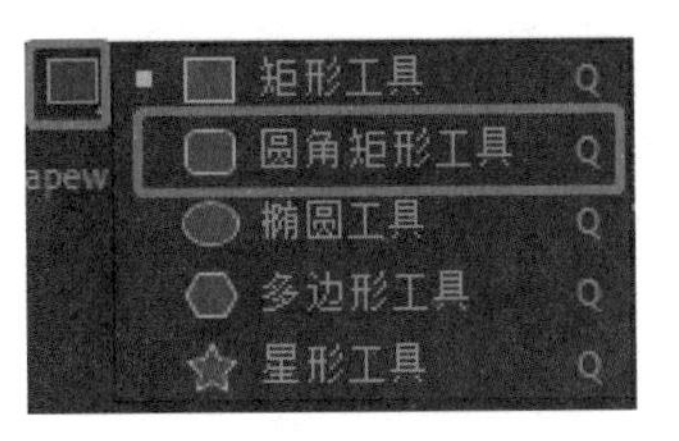

图 2-91 圆角矩形工具

图 2-92 圆角矩形蒙版

图 2-93 调整蒙版形状

（3）椭圆工具。

【椭圆工具】主要可以绘制椭圆、正圆形状蒙版，使用方法和对其相关属性的设置与【矩形工具】相同。选中素材，在工具栏中将光标定位在【形状工具组】上，并长按鼠标左键，在【形状工具组】中单击选择【椭圆工具】，如图 2-94 所示。然后在【合成】面板中图像的合适位置处按住鼠标左键并拖曳至合适大小，得到椭圆蒙版，如图 2-95 所示；或在【合成】面板中图像的合适位置处，按住 Shift 键的同时，按住鼠标左键并拖曳至合适大小，得到正圆形状蒙版，如图 2-96 所示。

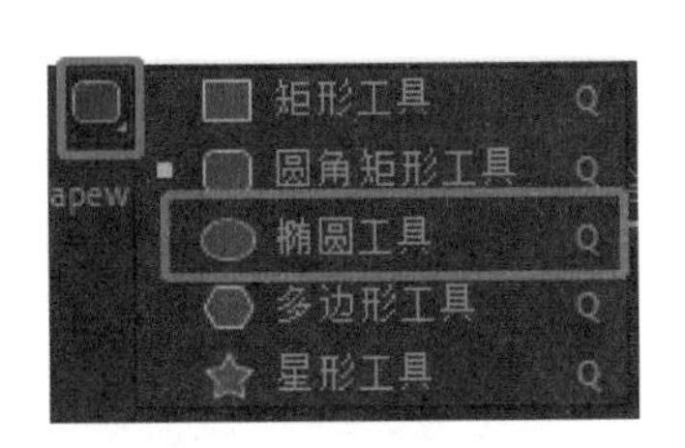

图 2-94 椭圆工具

图 2-95 椭圆蒙版

图 2-96 正圆形状蒙版

（4）多边形工具。

【多边形工具】主要可以创建多个边角的几何形状蒙版，使用方法和对其相关属性的设置与【矩形工具】相同。选中素材，在工具栏中将光标定位在【形状工具组】上，并长按鼠标左键，在【形状工具组】中单击选择【多边形工具】，如图 2-97 所示。然后在【合成】面板中图像的合适位置处按住鼠标左键并拖曳至合适大小，得到五边形蒙版；或在【合成】面板中图像的合适位置处，按住 Shift 键的同时按住鼠标左键并拖曳至合适大小，得到正五边形蒙版，如图 2-98 所示。

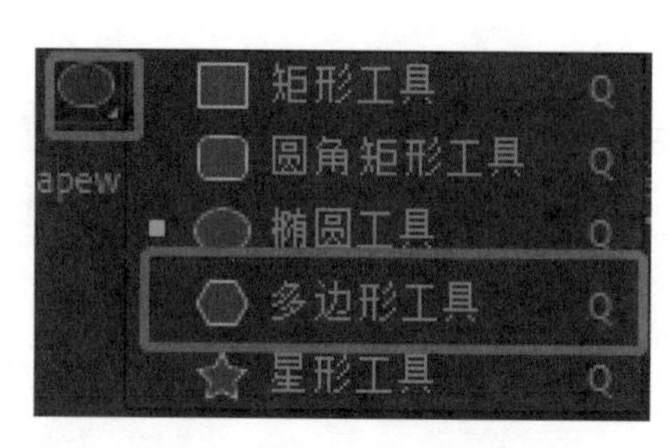

图 2-97　多边形工具

图 2-98　正五边形蒙版

（5）星形工具。

【星形工具】主要可以绘制星形蒙版，使用方法和对其相关属性的设置与【矩形工具】相同。选中素材，在工具栏中将光标定位在【形状工具组】上，并长按鼠标左键，在【形状工具组】中单击选择【星形工具】，如图 2-99 所示。然后在【合成】面板中图像的合适位置处按住鼠标左键并拖曳至合适大小，得到星形蒙版；或在【合成】面板中图像的合适位置处，按住 Shift 键的同时按住鼠标左键并拖曳至合适大小，得到正星形蒙版，如图 2-100 所示。

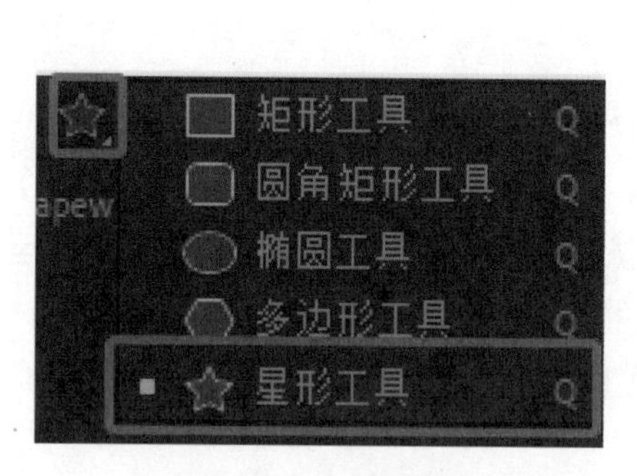

图 2-99　星形工具

图 2-100　正星形蒙版

5. 案例实训：界面播放视频动画效果

步骤一：在【项目】面板中，单击鼠标右键执行【新建合成】，在弹出的【合成设置】面板中设置【合成名称】为“界面动画”，【宽度】为 1130px，【高度】为 630px，【像素长宽比】为方形像素，【帧速率】为 25，【分辨率】为完整，【持续时间】为 8 秒，单击【确定】按钮，如图 2-101 所示。

步骤二：执行【文件】|【导入】|【文件】命令或使用【导入文件】快捷键 Ctrl+I，在弹出的【导入文件】对话框中选择所需要的素材，单击【导入】按钮导入素材。

步骤三：在【项目】面板中将“素材 1.jpg”和“素材 2.jpg”拖曳到【时间轴】面板中，如图 2-102 所示。

步骤四：在【时间轴】面板中单击打开“素材 2.jpg”图层下方的【变换】，并将时间线拖曳至 10 帧位置处，

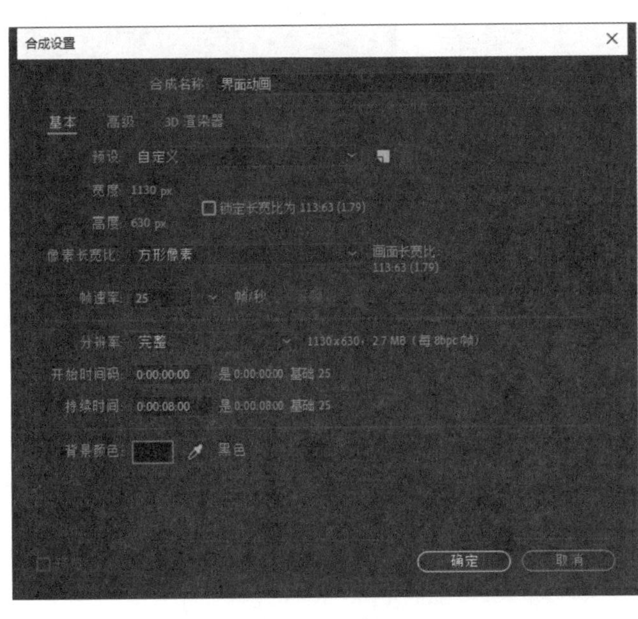

图 2-101　步骤一

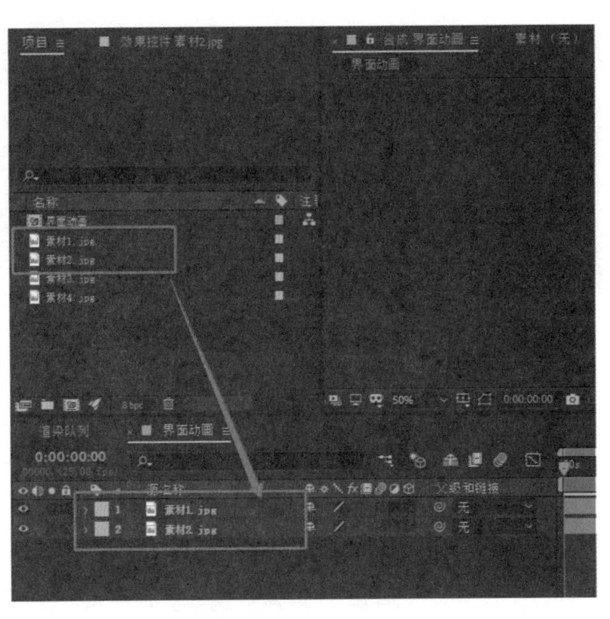

图 2-102　步骤三

单击【位置】和【缩放】前的【时间变化秒表】按钮，然后设置【位置】为“771.0，154.0”，【缩放】为“15.0，15.0%”。再将时间线拖曳至 2 秒位置处，设置【位置】为“571.0，225.0”，【缩放】为“37.0，37.0%”。

步骤五：在【时间轴】面板中将时间线拖曳至起始帧位置处，然后单击选中“素材 2.jpg”素材图层。在选项栏中单击选择【矩形工具】，在【合成】面板中的“素材 2.jpg”图层上按住鼠标左键并拖曳，绘制矩形蒙版，如图 2-103 所示。

图 2-103　步骤五

步骤六：在【项目】面板中将“素材 3.jpg”和“素材 4.jpg”拖曳到【时间轴】面板中。

步骤七：在【时间轴】面板中单击打开“素材 3.jpg”图层下方的【变换】，设置【位置】为“565.0,354.0”，【缩放】为“16,16%”，将时间线拖曳至 3 秒处，单击【不透明度】前的码表按钮，设置【不透明度】为 0，再将时间线拖曳至 4 秒处，设置【不透明度】为 100%，如图 2-104 所示。

步骤八：在【时间轴】面板中隐藏“素材 4.jpg”图层，选中“素材 3.jpg”图层，在选项栏中选择【矩形工具】，接着在【合成】面板中“素材 3.jpg”图层上方的合适位置处按住鼠标左键并拖曳至合适位置，得到矩形遮罩，如图 2-105 所示。

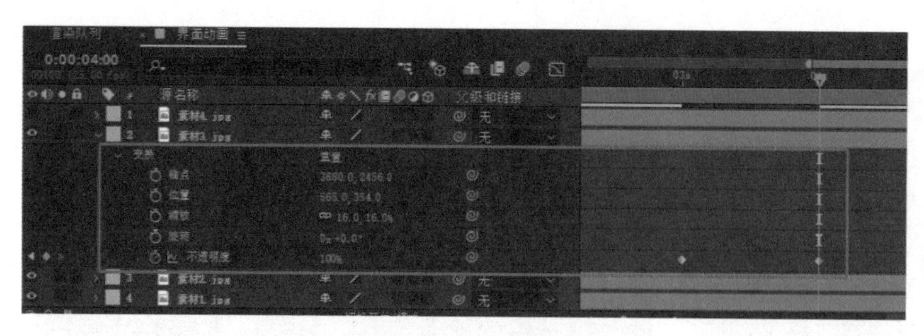

图 2-104　步骤七

图 2-105　步骤八

步骤九：在【时间轴】面板中设置显示素材 1.jpg 图层。设置【位置】为“565.0,250.0”，【缩放】为“24,24%”，将时间线拖曳至 5 秒处，单击【不透明度】前的码表按钮，设置【不透明度】为 0，再将时间线拖曳至 6 秒处，设置【不透明度】为 98%，如图 2-106 所示。

步骤十：在【时间轴】选中“素材 4.jpg”图层，在选项栏中选择【矩形工具】，接着在【合成】面板中“素材 3.jpg”图层上方的合适位置处按住鼠标左键并拖曳至与“素材 3.jpg”图层遮罩相同大小，如图 2-107 所示。

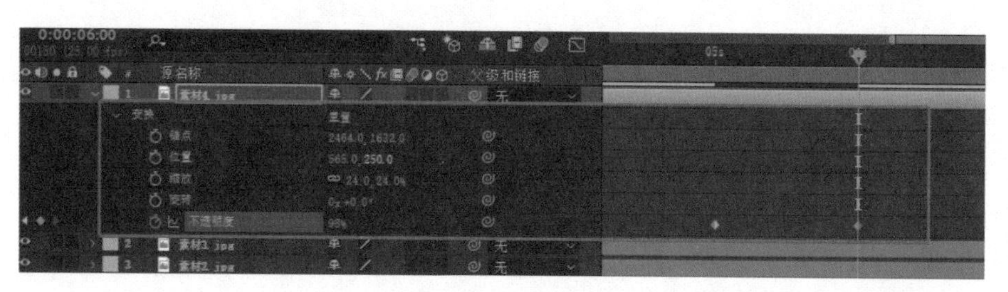

图 2-106　步骤九

图 2-107　步骤十

步骤十一：在【时间轴】面板中将时间线拖曳至起始帧位置处，然后在空白位置处单击鼠标左键，取消当前图层选择。在选项栏中单击选择【矩形工具】，设置【填充】为紫红色，【描边】为无颜色，设置完成后在画面右上方合适位置处按住鼠标左键并拖曳至合适大小，如图 2-108 所示。

图 2-108　步骤十一

步骤十二：在【时间轴】面板中单击打开【形状图层 1】下方的【变换】，并将时间线拖曳至 10 帧的位置，依次单击【位置】、【缩放】和【不透明度】前的码表按钮，设置【位置】为“565.0,315.0”，【缩放】为“101.0,99.0%”，【不透明度】为 80%，再将时间线拖曳至 2 秒位置，设置【位置】为“62.0,626.0”，【缩放】为“248.0,247.0%”，【不透明度】为 0，如图 2-109 所示。

图 2-109　步骤十二

步骤十三：在【时间轴】面板中的空白位置处单击鼠标左键，取消选择当前图层。在选项栏中长按【形状工具组】，单击选择【椭圆工具】，设置【填充】为无颜色，【描边】为白色，【描边宽度】为 5，设置完成后，在【合成】面板中右上角合适位置处按住 Shift 键的同时，按住鼠标左键并拖曳至合适大小，如图 2-110 所示。

步骤十四：在选项栏中的【形状工具组】中选择【多边形工具】，然后在刚刚绘制的环形中按住 Shift 键的同时按住鼠标左键并拖曳至合适大小，如图 2-111 所示。

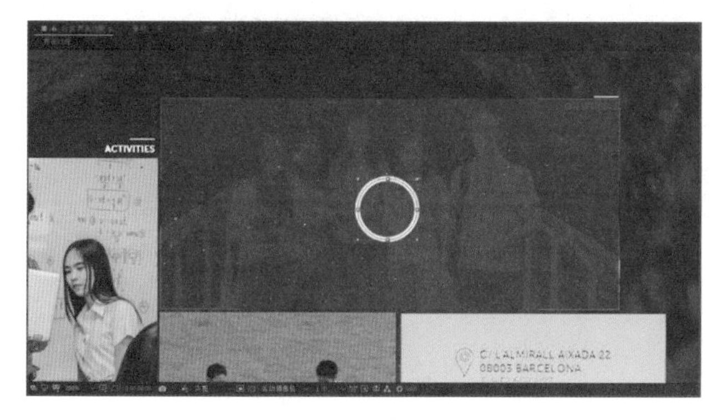

图 2-110　步骤十三

图 2-111　步骤十四

步骤十五：在【时间轴】面板中打开【形状图层 2】下方的【多边星形 1】，设置【点】为 3，【旋转】为“0ₓ+90.0°”，如图 2-112 所示。

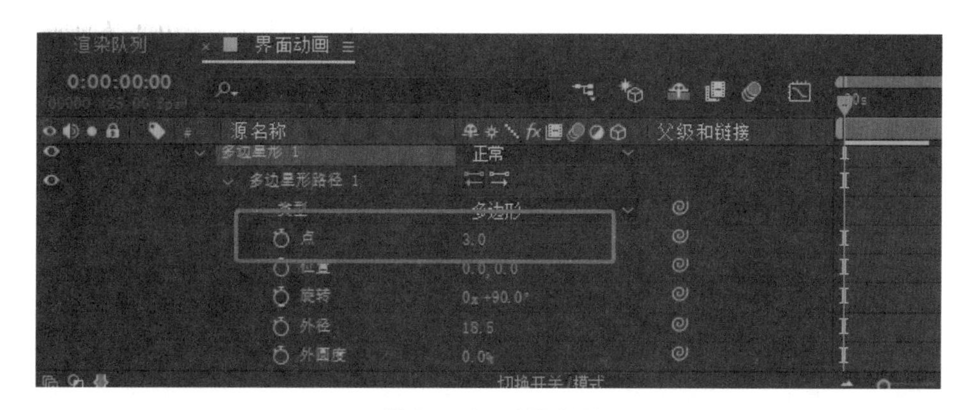

图 2-112　步骤十五

步骤十六：在【时间轴】面板中打开【形状图层 2】下方的【变换】，将时间线拖曳至起始帧位置处，依次单击【位置】、【缩放】和【不透明度】前的码表按钮，设置【位置】为“565.0,311.0”，【缩放】

为“100.0,100.0%”,【不透明度】为100%,再将时间线拖曳至8帧位置处,设置【位置】为“573.0,305.0”,【缩放】为“95.0,95.0%”。最后将时间线拖曳至1秒位置处，设置【位置】为“522.0,333.0”，【缩放】为“120.0,120.0%”，如图2-113所示。至此，动画完成。

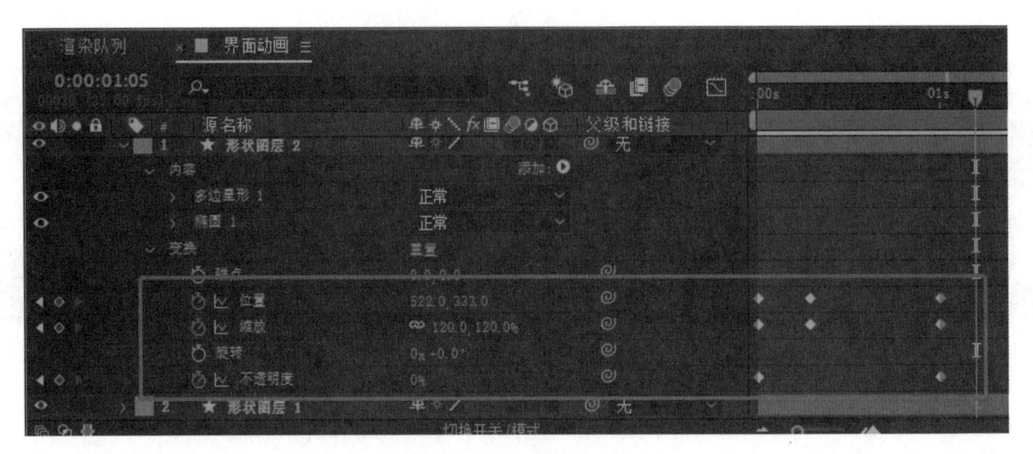

图2-113　步骤十六

步骤十七：选择【文件】|【保存】命令，保存文件。

步骤十八：在【预览】窗口中单击【播放】按钮▶，进行项目预览。预览完成后，选择【合成】|【添加到渲染队列】命令，渲染输出。

三、学习任务小结

本次任务学习了蒙版的应用和编辑的方法和步骤，通过案例制作练习，同学们已经初步掌握了蒙版的原理、常用的蒙版工具、蒙版与形状图层的区别、形状工具组蒙版的原理及其使用技巧。在后期制作、影视特效和图像处理中，蒙版的应用很常见，后期还需要同学们多加练习，提高操作技能。

四、课后作业

（1）每位同学分别新建蒙版、形状蒙版、多蒙版组合图层。

（2）选择班级活动的照片，应用形状工具组绘制不同样式的蒙版，制作一个班级活动相册。

拓展任务　商业综合实训

学习任务一　三维图层基本操作

学习任务二　摄像机的基本操作

学习任务三　灯光的使用

三维图层基本操作

教学目标

（1）专业能力：能了解三维图层的基本概念，并将二维图层转换为三维图层。

（2）社会能力：收集三维立体空间的案例，能结合二维转换到三维的基本要素对案例进行分析与解剖。

（3）方法能力：理解能力、案例分析能力、归纳总结能力。

学习目标

（1）知识目标：了解三维图层的概念，掌握三维合成的方法和技巧。

（2）技能目标：能够通过改变三维对象的位置、旋转角度建立三维空间，调整 X、Y、Z 三个不同方向的坐标值确定一个物体在三维空间中所在的位置。

（3）素质目标：能够根据学习要求与安排进行信息收集与分析整理，充分进行沟通与表达。

教学建议

1. 教师活动

（1）教师通过展示三维图层的基本操作，告知学生如何通过调节坐标参数进行设置。同时，教师运用多媒体课件、教学图片、视频案例等多种教学手段，展示并分析 X、Y、Z 坐标在空间中所呈现的状态。

（2）通过演示与分析雨伞动态动画，引导学生对物体滑落和旋转动态路径的慢动作分析，并将物体随时间变化而变动的形态进行分析、总结与发言汇报，教师进行点评，加深学生对三维图层的理解与记忆。

2. 学生活动

（1）学生根据教师展示的三维图层的基本操作和雨伞动态动画，了解三维图层的基本属性与概念。

（2）学生根据教师展示的三维状态，练习三维空间的合成。

图 3-1　三维空间的 X、Y、Z 轴的坐标

一、学习问题导入

各位同学，大家好！今天我们一起来学习三维图层的基本操作。当将一个 2D 图像转变为 3D 图像时，增加了深度，这样就具有现实空间中的物体的属性，如反射光线、形成阴影以及在三维空间移动等。那么在三维空间的合成中，如何利用 X、Y、Z 轴的坐标（见图 3-1）形成三维空间的效果呢？下面，让我们一起来学习三维图层的基本操作。

二、学习任务讲解

1. 转换并创建三维图层

在时间轴面板中，单击图层的 3D 图层开关，如图 3-2 所示，或在菜单栏中执行【图层】|【3D 图层】，可以将选中的 2D 图层转化为 3D 图层。再次单击 3D 图层开关，或在菜单栏中执行【图层】|【3D 图层】，取消层的 3D 属性。

图 3-2　3D 图层开关

2D 图层转化为 3D 图层后，在原有 X 轴和 Y 轴的二维基础上增加了一个 Z 轴，如图 3-3 所示，层的属性也相应增加，如图 3-4 所示，可以在 3D 空间对其进行位移或旋转操作。

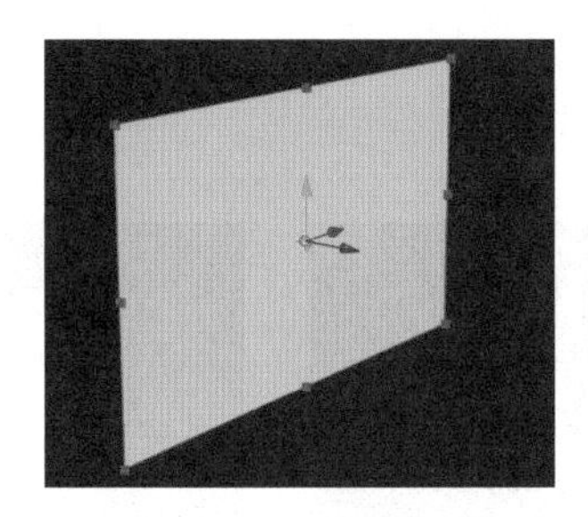
图 3-3　增加了一个 Z 轴

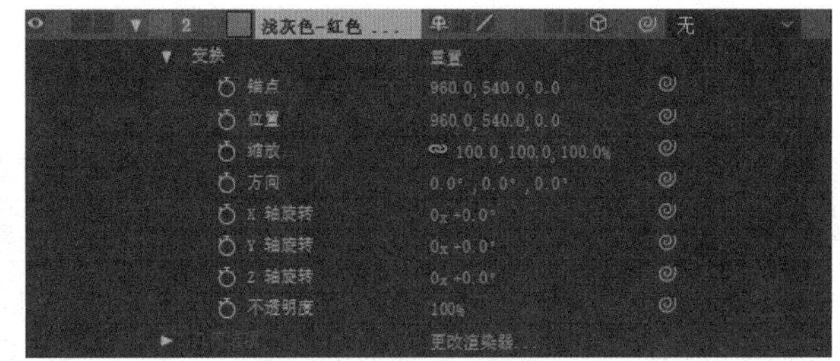

图 3-4　增加层的属性

同时，3D 图层会增加材质属性，这些属性决定了 3D 图层的灯光和阴影效果，如图 3-5 所示。

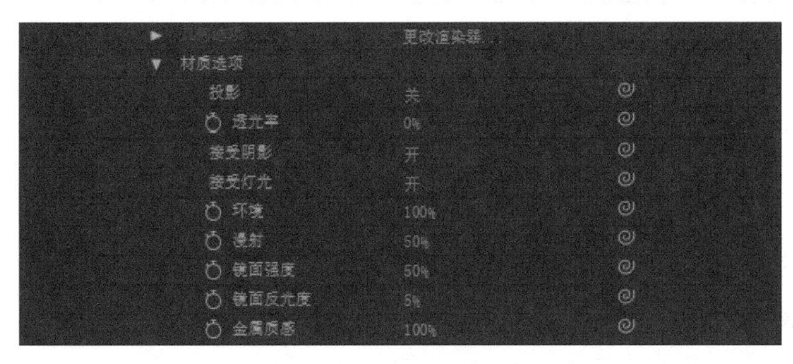

图 3-5　增加材质属性

2. 移动 3D 图层

与普通层类似，可以对 3D 图层施加位移动画，以制作三维空间的位移动画效果。

选择欲进行操作的 3D 图层，在合成面板中，使用【选择工具】拖曳与移动方向相应层的 3D 坐标控制箭头，可以在箭头的方向上移动 3D 图层，如图 3-6 所示。按住 Shift 键进行操作，可以更快地进行移动。在时间轴面板中，按 P 键调出该图层的【位置】属性，通过修改位置属性的数值，也可以对 3D 图层进行移动。

在菜单栏中执行【图层】|【变换】|【视点居中】或快捷键 Ctrl+Home，可以将所选层的中心点和当前视图的中心对齐。

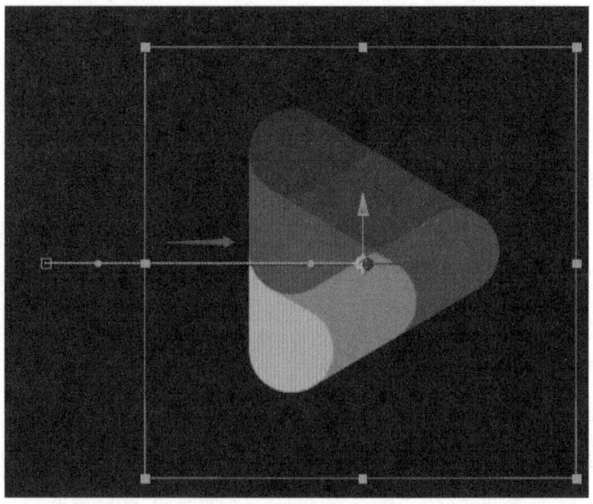

图 3-6 在箭头的方向上移动 3D 图层

3. 旋转 3D 图层

通过改变层的【方向】或【旋转】属性值，可以旋转 3D 图层。无论哪一种操作方式，层都会围绕其中心点进行旋转。这两种方式的区别是施加动画时，层如何运动。当为 3D 图层的【方向】属性施加动画时，层会尽可能直接旋转到指定的方向值。当为 X、Y 或 Z 轴的【旋转】属性施加动画时，层会按照独立的属性值沿着每个独立的轴运动。“方向”属性值设定一个角度距离，而“旋转”属性值设定一个角度路径。为“旋转”属性添加动画可以使层旋转多次，如图 3-7 所示。

对【方向】属性施加动画比较适合自然而平滑的运动，而为【旋转】属性施加动画可以提供更精确的控制。选择欲进行旋转的 3D 图层，选择【旋转】工具，并在工具栏右侧的设置菜单中选择“方向”或“旋转”，以决定这个工具影响哪个属性。在合成面板中，拖曳与旋转方向相应层的 3D 坐标控制箭头，如图 3-8 所示。拖曳层的 4 个控制角点可以使层围绕 Z 轴进行旋转；拖曳层的左右两个控制点，可以使层围绕 Y 轴进行旋转；拖曳层的上下两个控制点，可以使层围绕 X 轴进行旋转。直接拖曳层，可以任意旋转。按住 Shift 键进行操作，可以以 45° 角的增量进行旋转。在时间轴面板中，通过修改“旋转”或“方向”属性的数值，也可以对 3D 图层进行旋转。

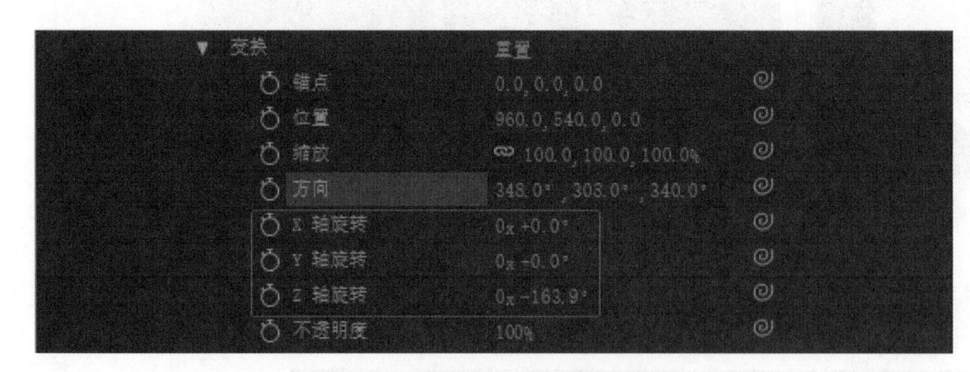

图 3-7 为“旋转”属性添加动画

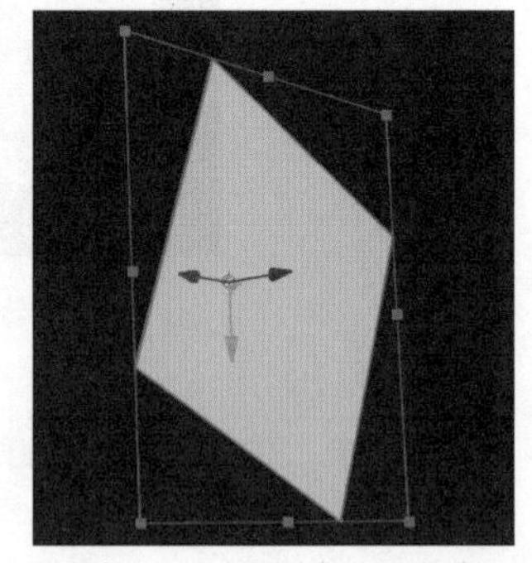

图 3-8 拖曳与旋转方向相应层的 3D 坐标控制箭头

4. 坐标模式

坐标模式用于设定 3D 图层的哪一组坐标轴是经过变换的。可在工具面板中选择一种模式。

【本地轴模式】：坐标和 3D 图层表面对齐。

【世界轴模式】：与合成的绝对坐标对齐。忽略施加给层的旋转，坐标轴始终代表 3D 世界的三维空间。

【视图轴模式】：坐标和所选择的视图对齐。例如，假设一个层进行了旋转，且视图更改为一个自定义视图，其后的变化操作都会与观看层的一个视图轴系统同步。

【摄像机工具】：经常会沿着视图本身的坐标轴进行调节，所以摄像机工具的动作在各种坐标模式中均不受影响。

5. 影响 3D 图层的属性

特定层在时间轴面板中堆叠的位置可以防止成组的 3D 图层在交叉或阴影的状态下被统一处理。3D 图层的投影不影响 2D 图层或在层堆叠顺序中处于 2D 图层另一侧的任意层。同样，一个 3D 图层不与一个 2D 图层或在层堆叠顺序中处于 2D 图层另一侧的任意层交叉。但灯光不存在这样的限制。

6. 实训案例：雨伞动态动画

在 After Effects 中使用 3D 图层创建动画时，可以利用二维素材生成三维场景。本案例为在三维空间中制作雨伞旋转动态效果，制作时注意体会操作 3D 图层与 2D 图层的区别。

步骤一：打开 After Effects 软件，单击【新建合成】按钮，弹出【合成设置】对话框，设置如图 3-9 所示，单击【确定】按钮，新建一个合成组。

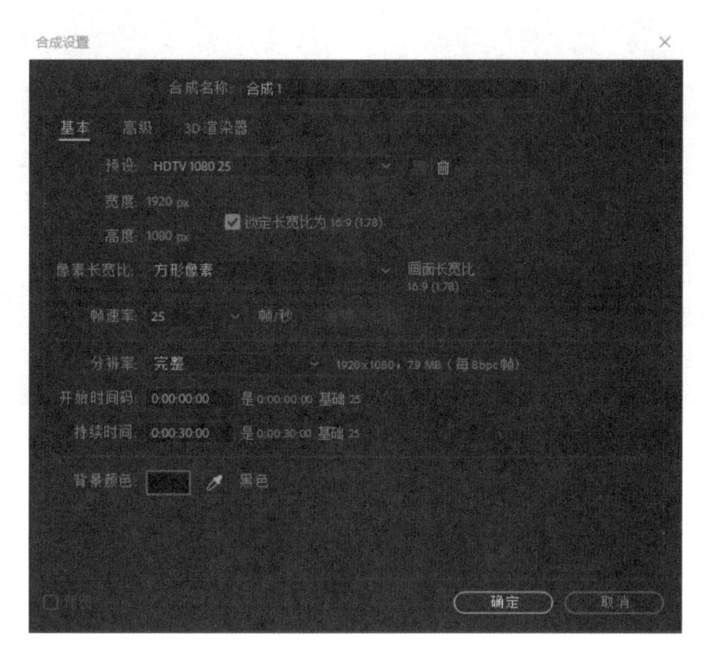

图 3-9　步骤一

步骤二：选择【多边形工具】，如图 3-10 所示，在页面中绘制一个矩形，同时使用键盘上的下箭头调整多边形为三角形，设置填充色的 RGB 值为（R=130，G=255，B=220）填充图形，设置描边色为无，效果如图 3-11 所示。

图 3-10　步骤二（1）

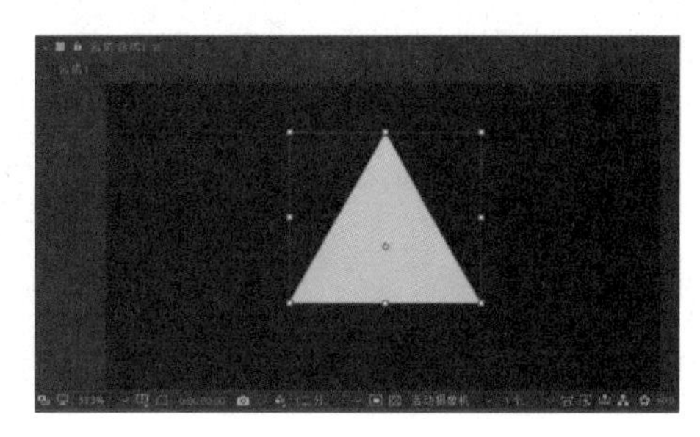

图 3-11　步骤三（2）

步骤三：选择【向后平移（锚点）】工具，将三角形的中心点位置移至顶端，如图 3-12 所示。在【时间轴】面板中，单击图层的 3D 图层开关，将时间指示标移到第 0 秒 4 帧的位置，在缩放位置记录关键帧，并单击取消约束比例，设置如图 3-13 所示。

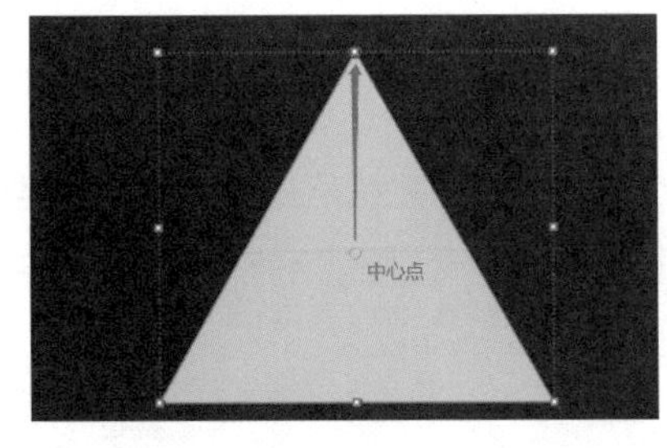

图 3-12　步骤三（1）

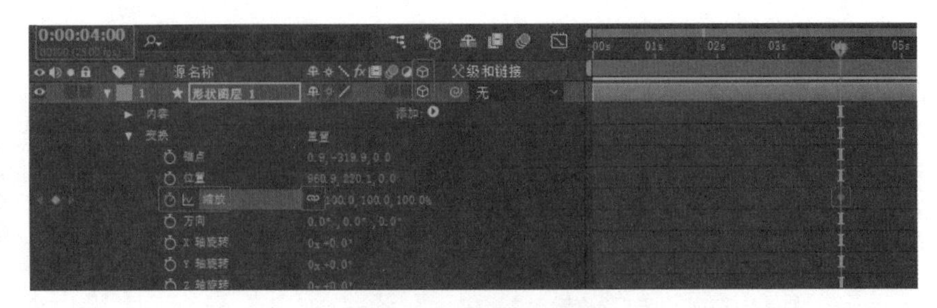

图 3-13　步骤三（2）

步骤四：将时间指示标移到第 0 秒 1 帧的位置，调整缩放的数据为 X=10，设置如图 3-14 所示。在菜单栏中执行【图层】|【新建】|【摄像机】命令，弹出对话框，单击【确定】按钮，如图 3-15 所示。

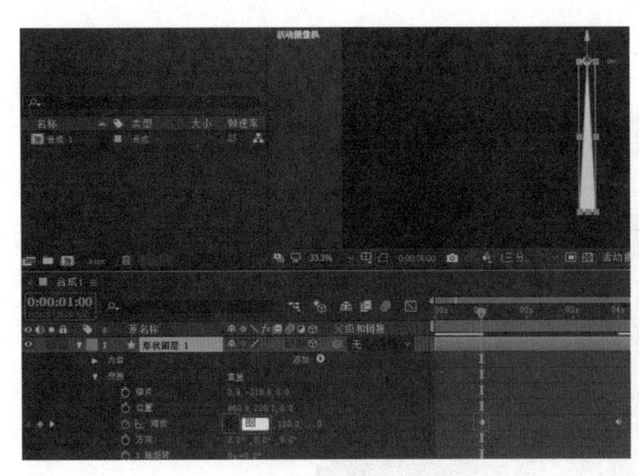

图 3-14　步骤四（1）

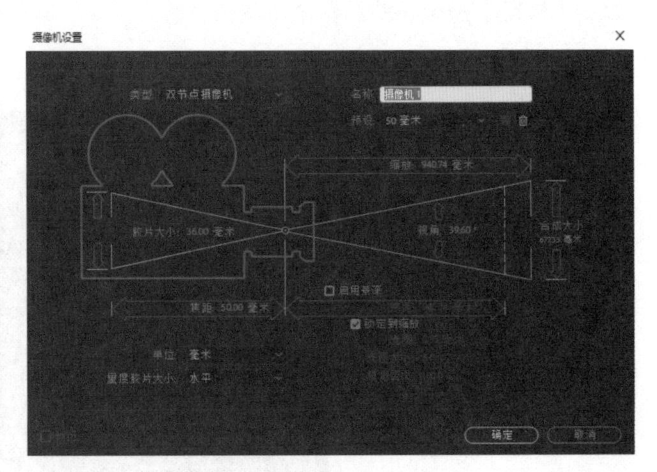

图 3-15　步骤四（2）

步骤五：选择【统一摄像机】工具，利用摄像机工具对三角形沿着 X 轴向右方向进行旋转，旋转效果如图 3-16 所示。在【时间轴】面板中，将时间指示标移到第 0 秒 1 帧的位置，在 X 轴旋转位置记录关键帧；将时间指示标移到第 0 秒 4 帧的位置，调整 X 轴旋转的角度为 70°，关键帧设置如图 3-17 所示。按键盘的空格键预览动画效果。

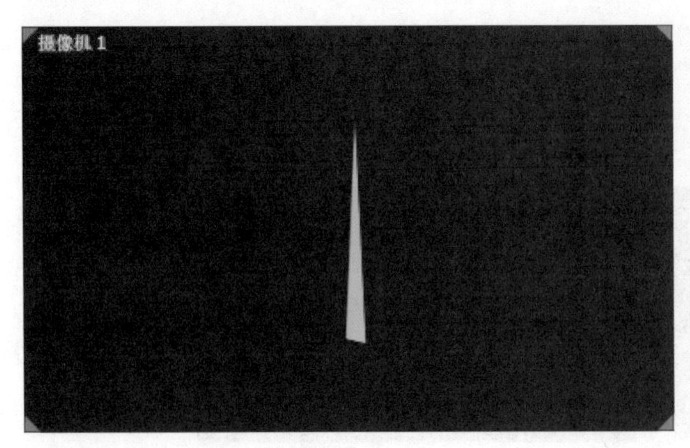

图 3-16　步骤五（1）

图 3-17　步骤五（2）

步骤六：将合成面板的窗口视图调整为【2 个视图 - 水平】，选择左视图显示并调整为【顶部】，如图 3-18 所示。

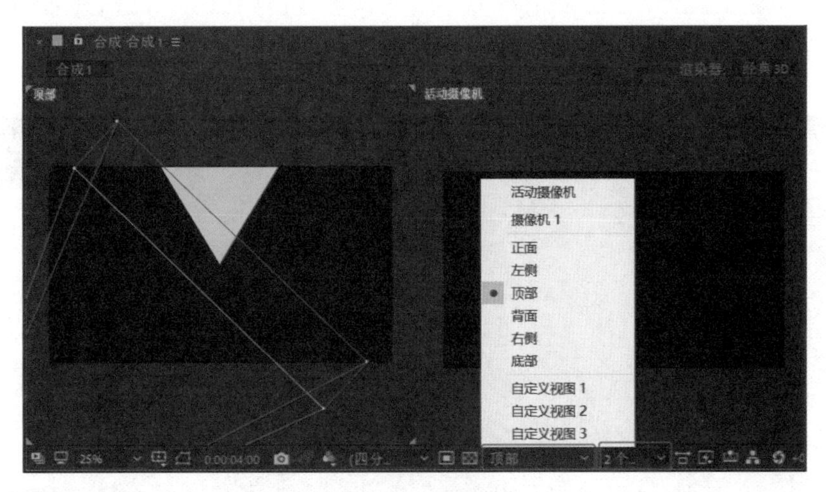

图 3-18　步骤六

步骤七：在【时间轴】面板中，按 Ctrl+D 复制【形状图层 1】，在【形状图层 2】图层下，展开【内容】下的【填充】，设置填充颜色的 RGB 值为（R=240，G=255，B=160）；将时间指示标移到第 0 秒 4 帧的位置，调整方向的 Y 轴角度为 60°，使其与上一个三角形的边重合，设置如图 3-19 和图 3-20 所示。

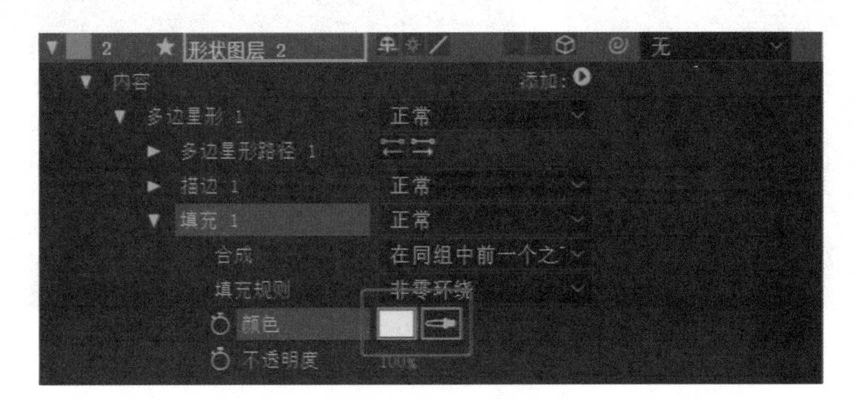

图 3-19　步骤七（1）

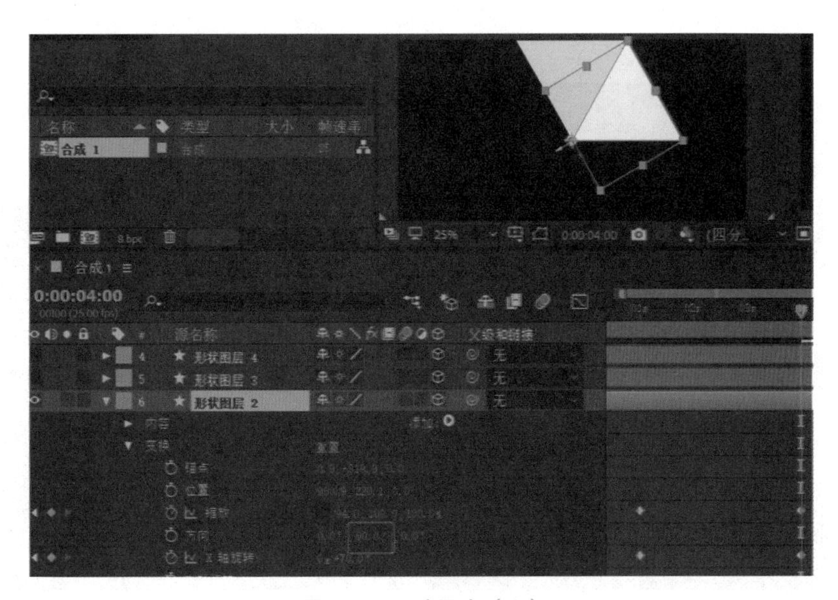

图 3-20　步骤七（2）

步骤八：在【时间轴】面板中，按快捷键 S 展开【形状图层 1】和【形状图层 2】的缩放，将时间指示标移到第 0 秒 3 帧的位置，在缩放左边的位置单击菱形记录关键帧，设置如图 3-21 所示。选择图层 1、图层 2 的关键帧，在关键帧位置上单击鼠标右键，单击【关键帧插值】按钮，弹出【关键帧插值】对话框，设置如图 3-22 所示，单击【确定】按钮，关键帧显示效果如图 3-23 所示。

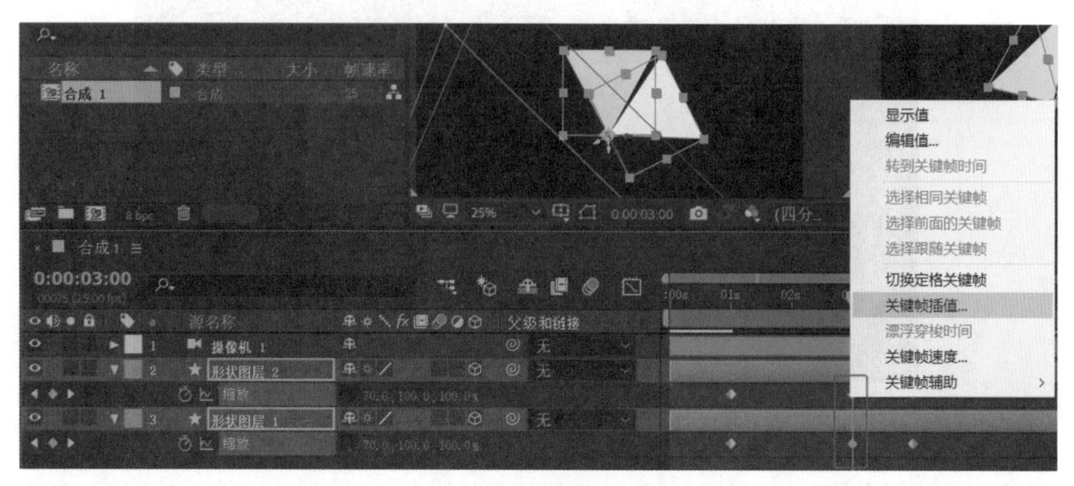

图 3-21 步骤八（1）

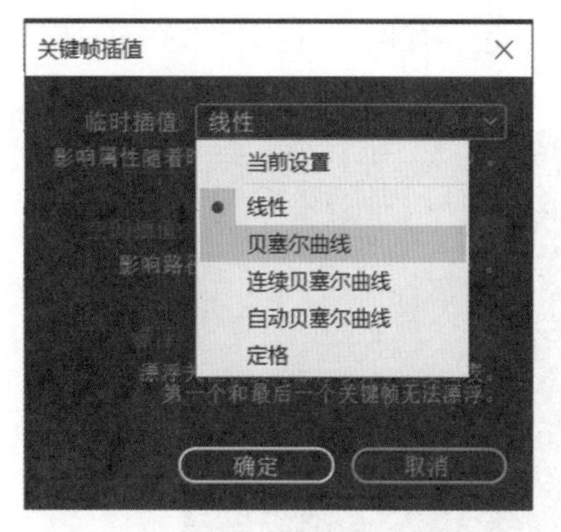

图 3-22 步骤八（2）

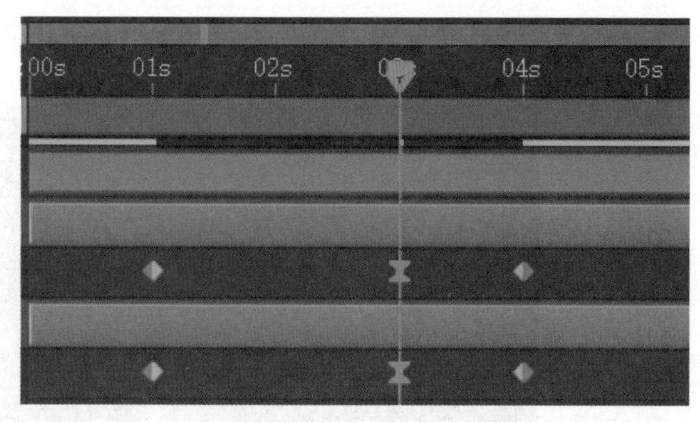

图 3-23 步骤八（3）

步骤九：选择【图形编辑器】工具，调整锚点，并随机调整时间轴的位置而调整两端锚点的长短，如图 3-24 所示。

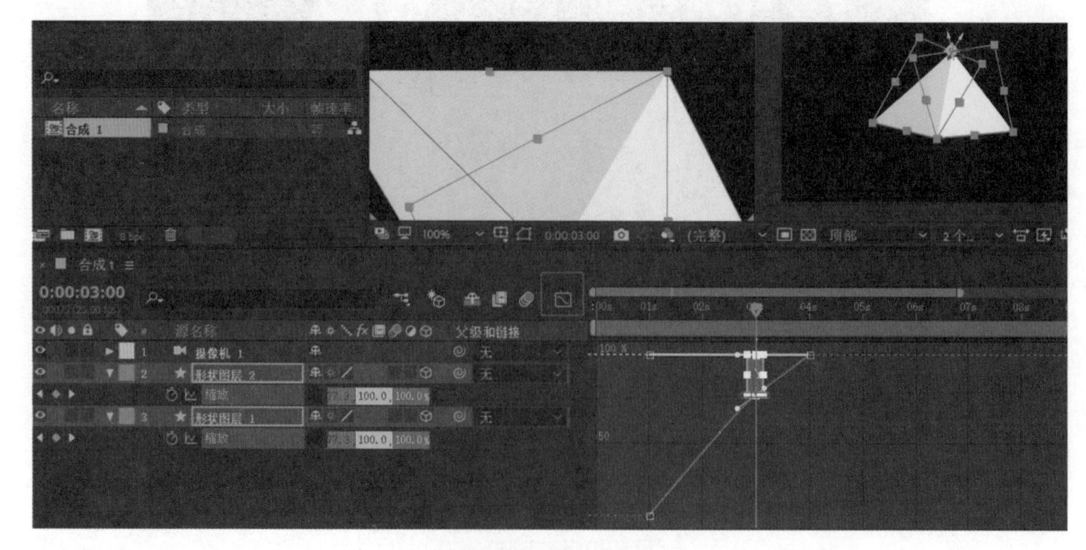

图 3-24 步骤九

步骤十：在【时间轴】面板中，按 Ctrl+D 复制【形状图层 2】，调整填充颜色的 RGB 值为（R=250，G=160，B=120）；调整方向的 Y 轴角度为 120°，如图 3-25 所示。

步骤十一：将上一步重复 3 次，填充颜色和调整方向的 Y 轴角度根据实际进行调整，效果如图 3-26 所示。

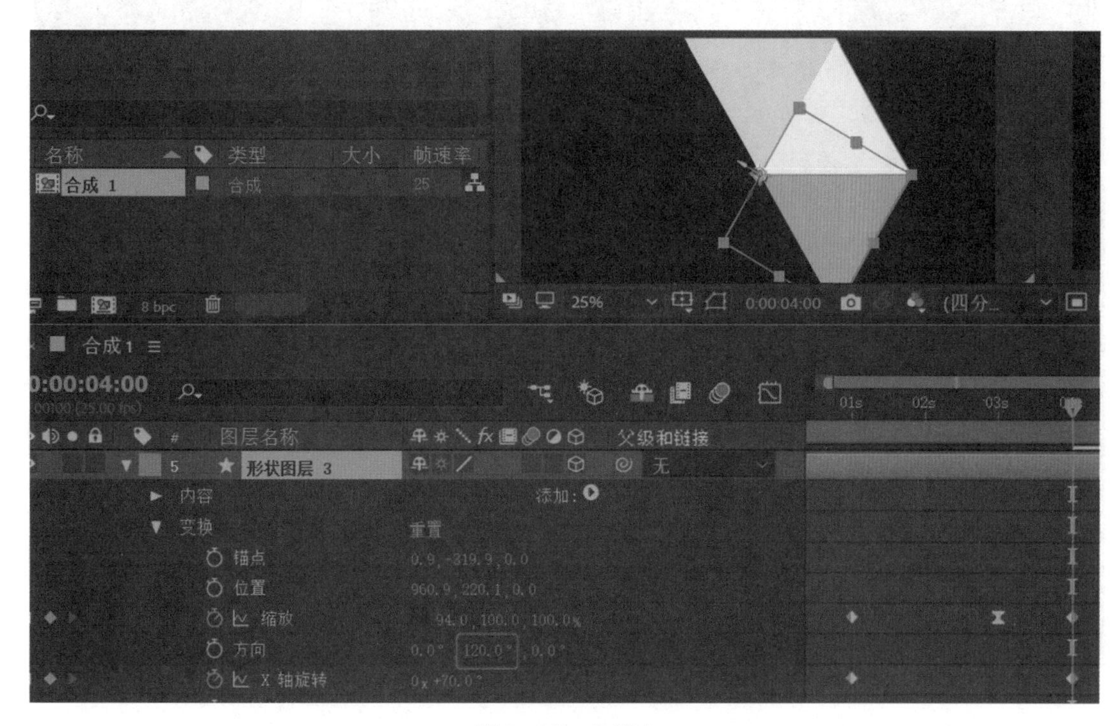

图 3-25　步骤十

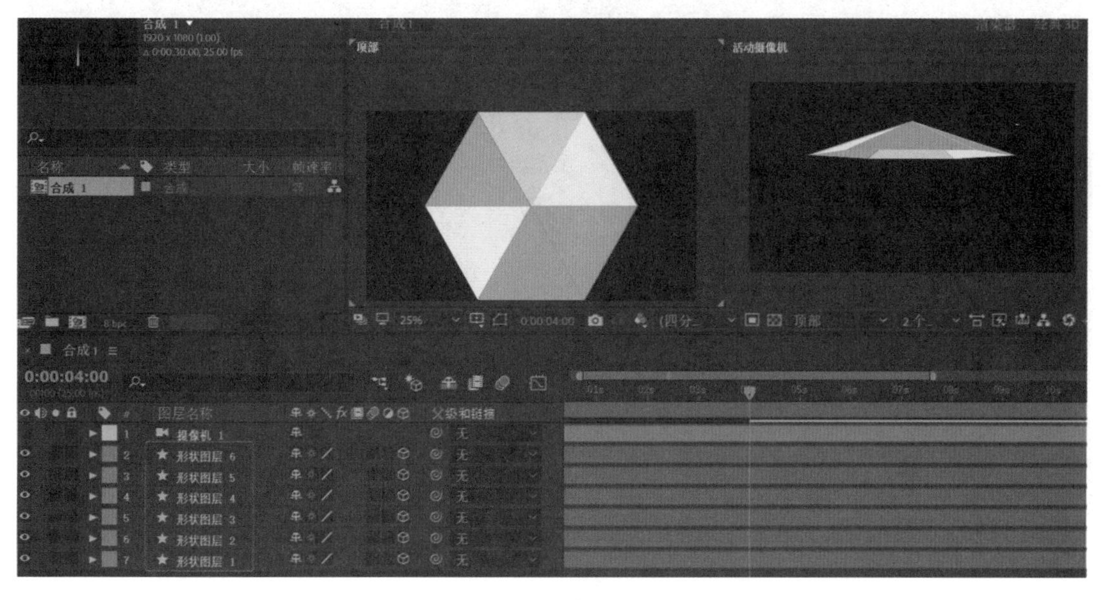

图 3-26　步骤十一

步骤十二：选择【钢笔工具】绘制伞柄形状，并移动至雨伞中间位置上；在时间轴面板中，单击图层的 3D 图层开关，并将图层命名为【伞柄】，如图 3-27 所示。

步骤十三：新建【空对象】，单击图层的 3D 图层开关，选择【向后平移（锚点）】工具，将空白对象框的中心点位置移至中心，选择【选取】工具，移动空白对象框移至顶端，如图 3-28 所示。

步骤十四：选择【伞柄】和【形状图层 1】至【形状图层 6】，链接【空 1】层为父层，建立父子关系，如图 3-29 所示。

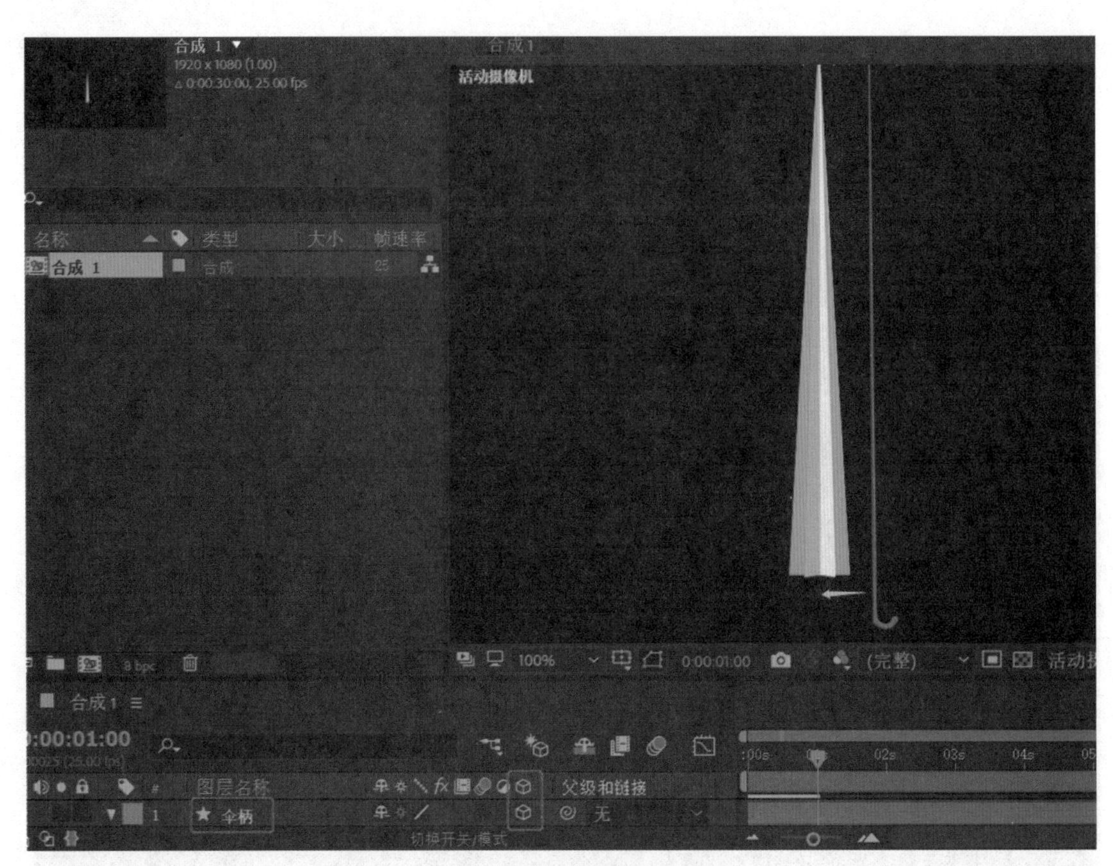

图 3-27　步骤十二

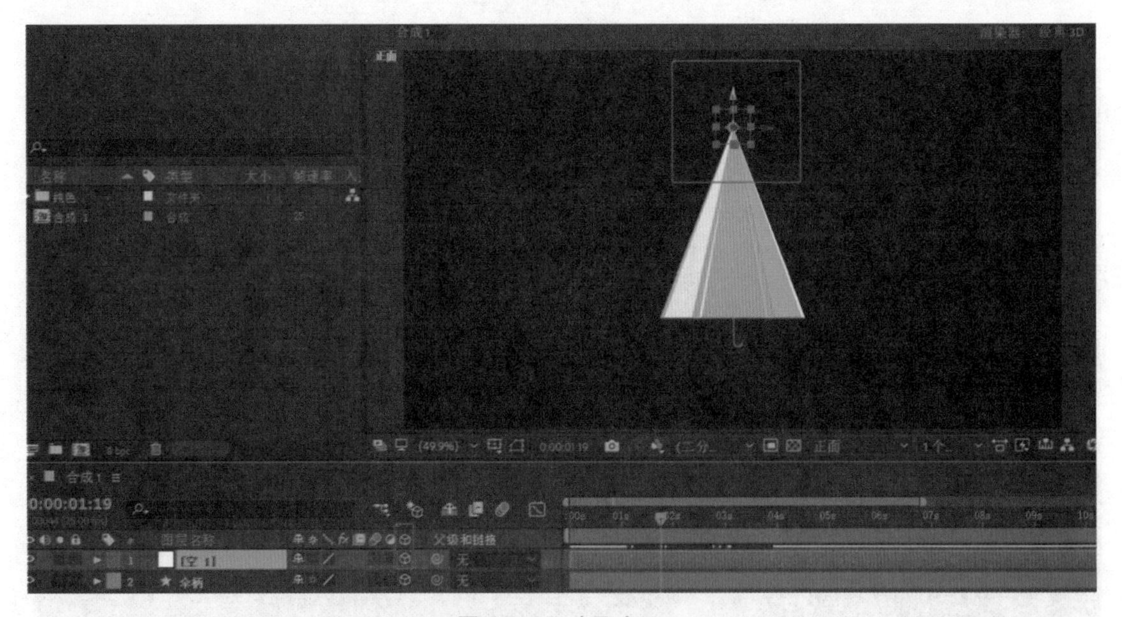

图 3-28　步骤十三

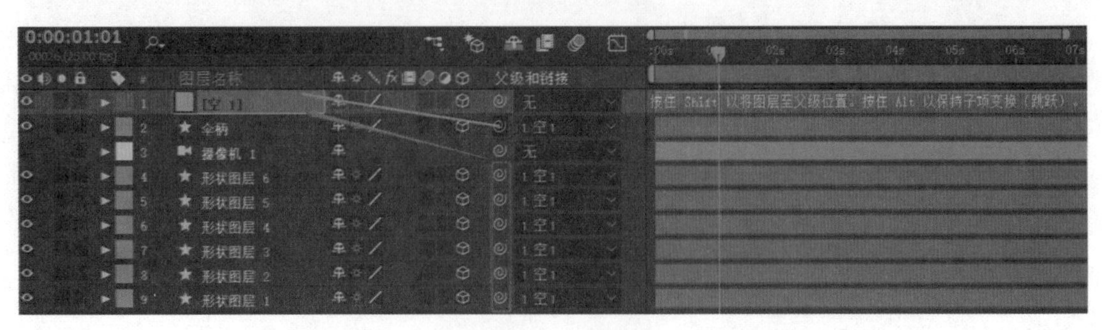

图 3-29　步骤十四

步骤十五：在【时间轴】面板中，将时间指示标移到第 0 秒 15 帧的位置，在 Y 轴旋转位置记录关键帧；将时间指示标移到第 0 秒 5 帧的位置，调整 X 轴旋转的角度为 5_x+0.0°，关键帧设置如图 3-30 所示。

步骤十六：为【空 1】层在三维空间中设置运动路径，如图 3-31 所示。

图 3-30　步骤十五

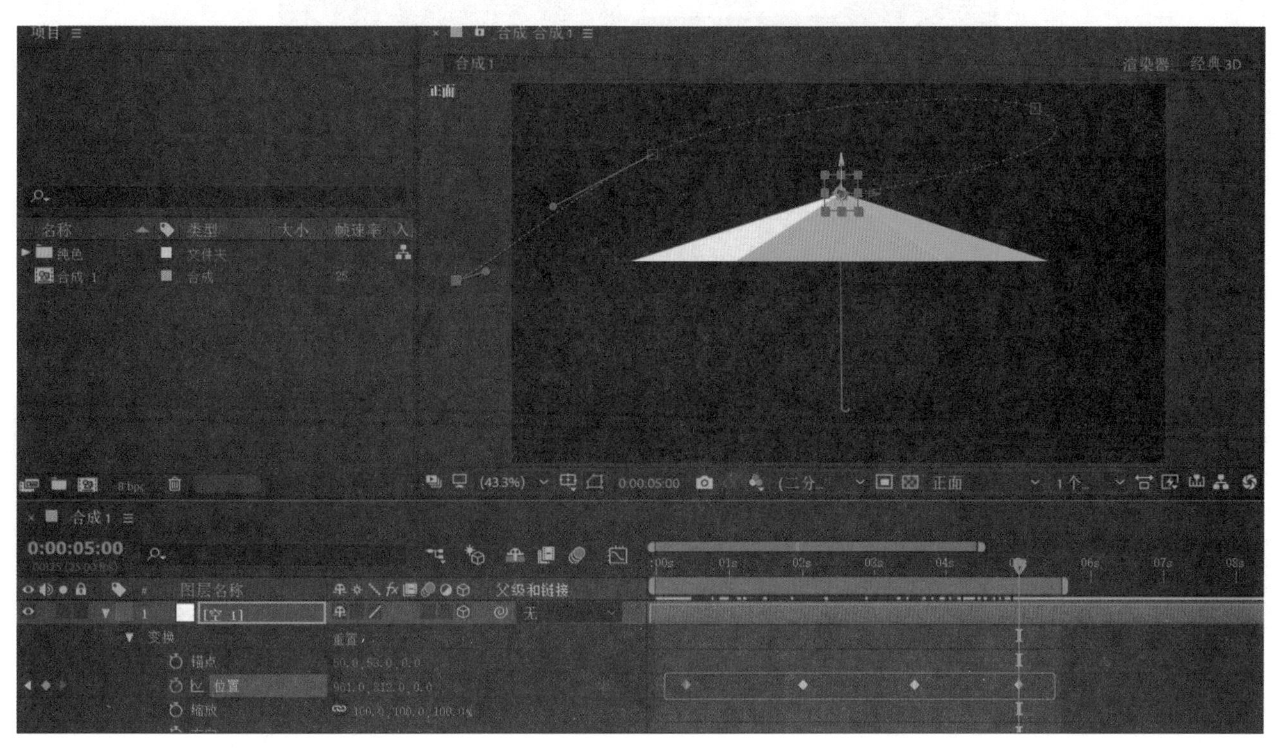

图 3-31　步骤十六

步骤十七：在菜单栏中执行【合成】|【添加到渲染队列】命令，单击【尚未指定】指定输出文件的位置与名称，如图 3-32 所示。单击【无损】弹出对话框，可调整输出文件的格式为【AVI】(高品质 / 内存大)或者【QuickTime】(中品质 / 内存适中)或者【MP3】(低品质 / 内存小)，设置如图 3-33 所示。

步骤十八：在【渲染队列】面板中单击【渲染】按钮即可输出文件，如图 3-34 所示。

图 3-32　步骤十七（1）

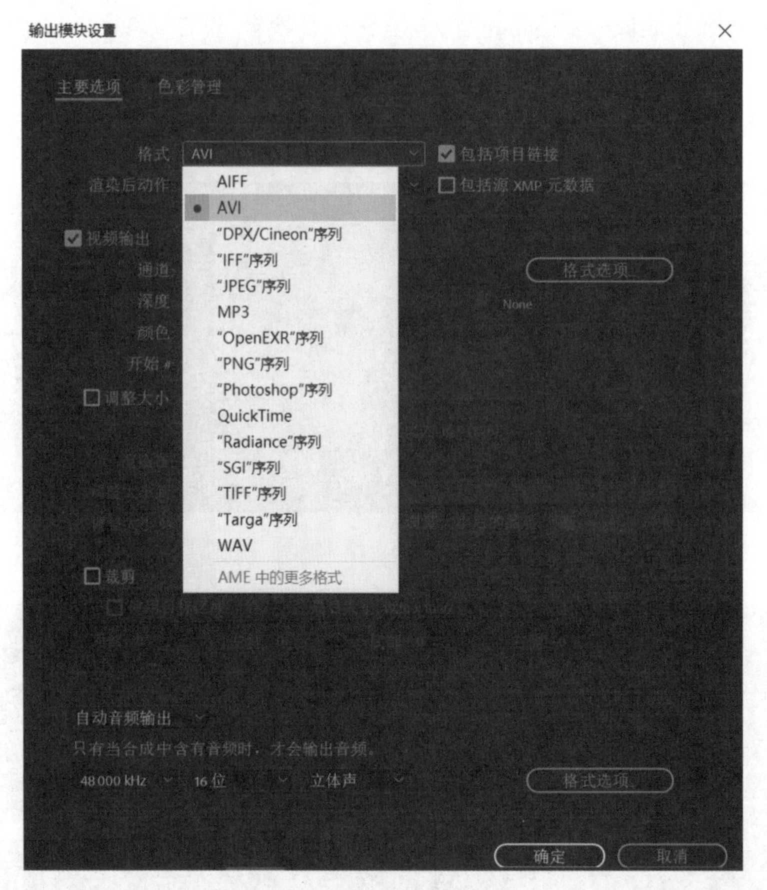

图 3-33　步骤十七（2）

图 3-34　步骤十八（3）

三、学习任务小结

通过本次任务的学习，同学们已经了解了三维图层的基本操作方法。同学们通过雨伞动态的展示和分析，加深了对三维图层的认识。课后，大家针对本次任务所了解的内容进行归纳总结，完成相关的作业练习。

四、课后作业

运用三维图层的基本操作制作一个雨伞动态动画。

摄像机的基本操作

教学目标

（1）专业能力：能了解摄像机的基本概念，掌握摄像机动画的技巧。

（2）社会能力：收集展览的空间展示的案例，能结合二维图层展示到三维空间中，对案例进行分析与解剖。

（3）方法能力：理解能力、案例分析能力、归纳总结能力。

学习目标

（1）知识目标：了解摄像机的工作原理，熟悉摄像机工具。

（2）技能目标：运用一个或多个摄像机来创造空间场景、观看合成空间，模拟真实摄像机的光学特性，更能超越真实摄像机在三脚架、重力等方面的制约，在空间中任意移动。

（3）素质目标：能够根据学习要求与安排进行信息收集与分析整理，充分进行沟通与表达。

教学建议

1. 教师活动

（1）教师通过展示摄像机的基本操作，告知学生如何通过摄像机来创造空间场景、观看合成空间，同时，运用多媒体课件、教学图片、视频案例等多种教学手段，展示并分析 X、Y、Z 轴坐标在空间中所呈现的状态。

（2）通过演示与分析地面塌陷动画，引导学生对摄像机的建立进行空间分析，并对物体随摄像机的旋转进行分析、总结与发言汇报，教师点评总结，加深学生对摄像机的理解与记忆。

2. 学生活动

（1）根据教师展示摄像机的基本操作和地面塌陷动画，了解摄像机的基本属性与概念。

（2）根据教师展示的通过活动摄像机或通过指定的自定义摄像机来查看合成，使用活动合成摄像机或光照从各种角度查看照亮效果，以模拟更复杂的 3D 效果。

一、学习问题导入

各位同学，大家好！今天我们一起来学习摄像机的基本操作。使用摄像机图层可以从任何角度和距离查看3D 图层。现实世界中，在场景之中和周围移动摄像机比移动和旋转场景更容易，通过设置摄像机图层并在合成中来回移动获得合成的不同视图通常最容易，那么如何在自定义 3D 视图中调整摄像机？下面，让我们一起来学习摄像机的基本操作。

二、学习任务讲解

在 After Effects 中创建三维合成时，可以通过添加摄像机和灯光的方式，利用摄像机景深和灯光的渲染效果，创建出更加真实的运动场景。

1. 创建并设置摄像机层

通过建立摄像机，可以以任何视角查看三维合成，如图 3-35 所示。三维视图中会增加带有编号的摄像机视图，处于最上层的有效摄像机所产生的视图为活动摄像机视图，将被用于最终的输出或嵌套。

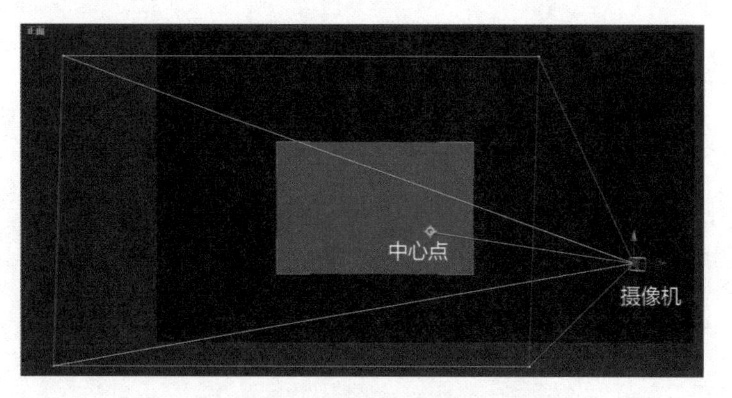

图 3-35　摄像机的显示

在菜单栏中执行【图层】|【新建】|【摄像机】或快捷键 Ctrl+Alt+Shift+C，会弹出【摄像机设置】对话框，可对摄像机的各项属性进行设置，也可以使用预置设置，如图 3-36 所示。

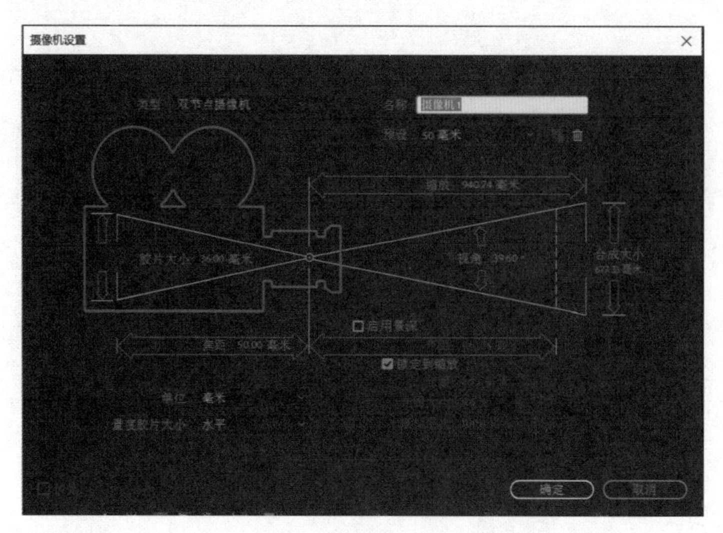

图 3-36　【摄像机设置】对话框

①【名称】：摄像机的名称。默认状态下，在合成中创建的第一个摄像机的名称是“摄像机 1”，后续创建的摄像机的名称按此顺延。对于多摄像机的项目，应该为每个摄像机起一个有特色的名字，以方便区分。

②【预设】：欲使用的摄像机的类型。预置的名称依据焦距来命名。每个预置都是根据 35 mm 胶片的摄像机规格的某一焦距的定焦镜头来设定的，因此，预置也设定了视角、变焦、焦距和光圈值，默认的预置是 50 mm。还可以创建一个自定义参数的摄像机并保存在预置中。

③【缩放】：镜头到像平面的距离。换言之，一个层如果在镜头外的这个距离，会显示完整尺寸；而一个层如果在镜头外两倍于这个距离，则高和宽都会变为原来的一半。

④【视角】：图像场景捕捉的宽度。焦距、底片尺寸和变焦值决定了视角的大小。更宽的视角可创建与广角镜头相同的效果。

⑤【启用景深】：为焦距、光圈和模糊级别应用自定义的变量。使用这些变量，可以熟练控制景深，以创建更真实的摄像机对焦效果。

⑥【焦距】：从摄像机到理想焦平面点的距离。

⑦【锁定到缩放】：锁定变焦，使焦距值匹配缩放值。

⑧【光圈】：镜头的孔径。光圈设置也会影响景深，光圈越大，景深越浅。当设置 Aperture 值的时候，光圈大小也会随之改变，以进行匹配。

⑨【光圈大小】：F 制光圈，表示焦距和光圈孔径的比例。大多数摄像机用 F 制光圈作为光圈的度量单位，因此，许多摄影师更习惯将光圈按照 F 制光圈单位进行设置。若修改了 F 制光圈，光圈的值也会改变，以进行匹配。

⑩【模糊层次】：图像景深模糊的量。设置为 100%，可以创建一个和摄像机设置相同的、自然的模糊，降低这个值可以降低模糊程度。

⑪【胶片大小】：有效的底片尺寸，直接和合成尺寸相匹配。当更改底片尺寸时，变焦值也会随之改变，以匹配真实摄像机的透视。

⑫【焦距】：从胶片平面到摄像机镜头的距离。在 After Effects 中，摄像机的位置表示镜头的中心。当改变了焦距后，变焦值也会改变，以匹配真实摄像机的透视关系。另外，预置、视角和光圈会做出相应的改变。

⑬【单位】：摄像机设置数值所使用的测量单位，可以选择使用像素、英寸或毫米作为单位。

⑭【度量胶片大小】：用于描述胶片大小的尺寸，测量标准可设置为水平、垂直或对角。

设置完毕后，单击【确定】按钮，在时间轴顶部的位置新建一个摄像机层。对于已经建立的摄像机，可以在菜单栏中执行【图层】|【摄像机设置】命令，或按快捷键 Ctrl+Shift+Y，或双击时间轴面板中的摄像机层，弹出摄像机设置对话框，更改参数。

当一个摄像机在文件里建立以后，可以在【合成】窗口中调整摄像机的位置参数，如摄像机的目标点、位置等，如图 3-37 所示。

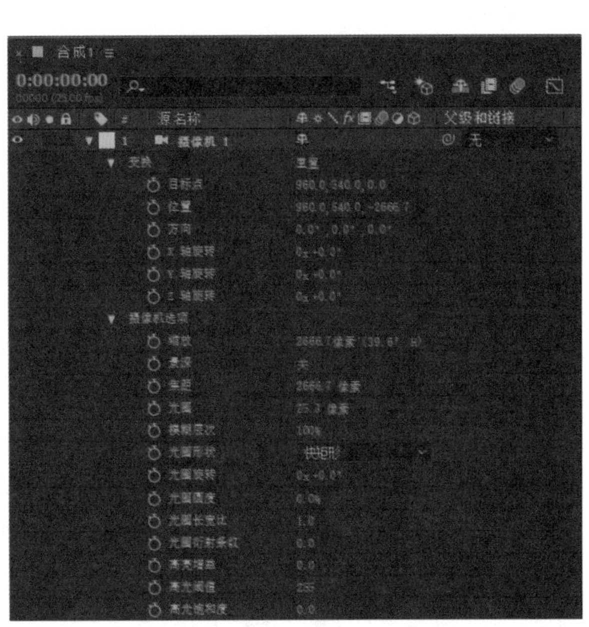

图 3-37　在【合成】窗口中调整摄像机的位置参数

2. 使用工具控制摄像机

在 After Effects 中创建摄像机后，单击【合成】面板右下角的 3D 视图弹出式菜单按钮 活动摄像机 ，弹出的下拉菜单会出现相应的摄像机名称，如图 3-38 所示。

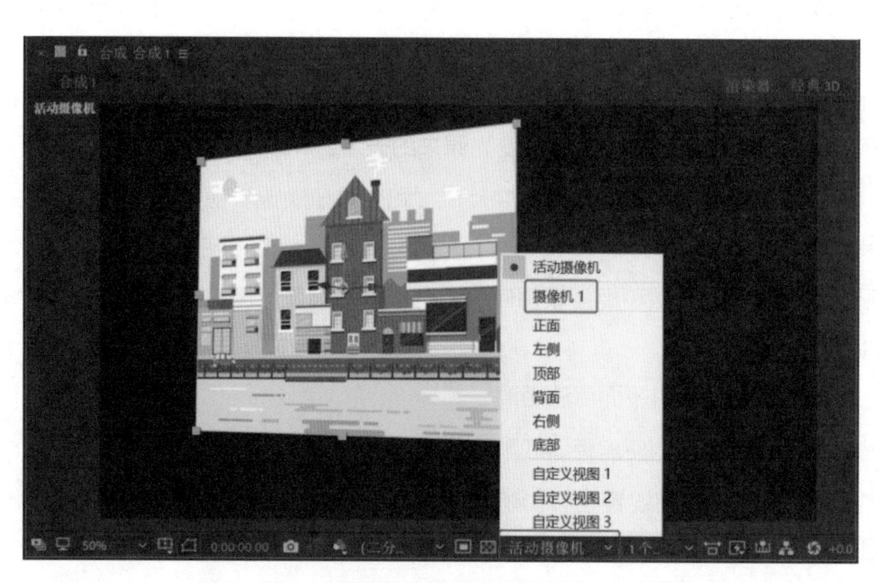

图 3-38 创建摄像机后的 3D 视图弹出式菜单

当以摄像机视图的方式观察当前合成影像时，不能在【合成】面板中对当前摄像机直接进行调整，这时要调整摄像机视图最好的办法就是使用摄像机工具。After Effects 中提供的摄像机工具主要用来旋转、移动和推拉摄像机视图。需要注意的是，利用这些工具调整摄像机视图不会影响摄像机的镜头设置，也无法设置动画，只不过是通过调整摄像机的位置和角度来改变当前视图。

①【轨道摄像机工具】：该工具用于旋转摄像机视图。

②【跟踪 XY 摄像机工具】：该工具用于水平或垂直移动摄像机视图。

③【跟踪 Z 摄像机工具】：该工具用于缩放摄像机视图。

3. 实训案例：地面塌陷

在 After Effects 三维合成中，不仅可以移动摄像机和灯光，还可以对它们的目标点进行移动。摄像机层和灯光层都包含一个【目标点】属性，以设置摄像机层和灯光层拍摄或投射的重点。默认状态下，目标点位于合成的中心。可以在任意时间移动目标点。

步骤一：打开 After Effects 软件，单击【新建合成】按钮，弹出【合成设置】对话框，将合成名称设置为【地面塌陷】，在基本选项卡中，将持续时间设置为 5 秒，其他设置如图 3-39 所示，单击【确定】按钮，新建一个合成组。

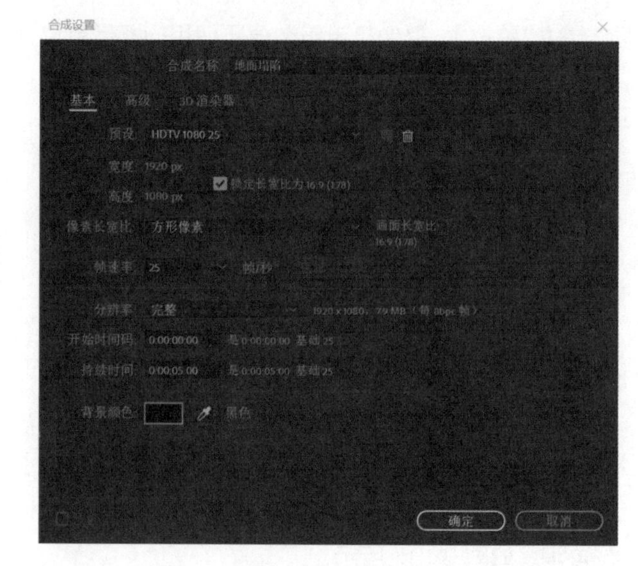

图 3-39 步骤一

步骤二：切换到【项目】面板，在该面板中双击，弹出【导入文件】对话框，选择【3D 塌陷】和【路面】文件，单击【导入】按钮，如图 3-40 所示。将素材拉到时间面板的合成里，如图 3-41 所示。

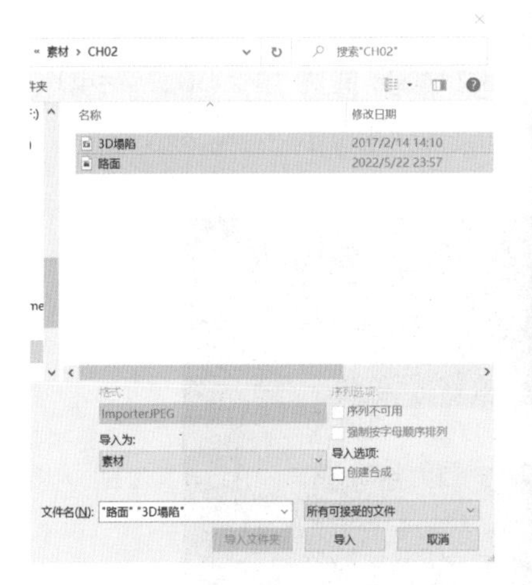

图 3-40　步骤二（1）

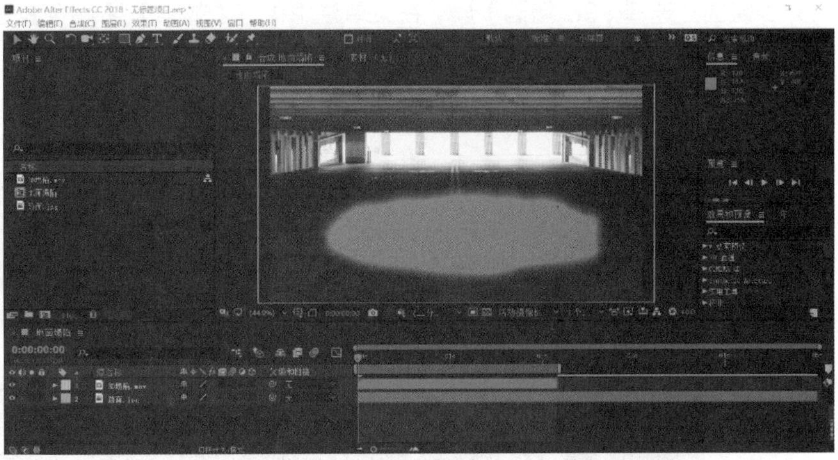

图 3-41　步骤二（2）

步骤三：在【时间轴】面板中，单击图层的 3D 图层开关，在菜单栏中执行【图层】|【新建】|【摄像机】命令，弹出对话框，单击【确定】按钮，如图 3-42 所示。选择【统一摄像机】工具，利用摄像机工具对【3D 塌陷】层沿着 Z 轴向上的方向进行旋转，旋转角度调整如图 3-43 所示。

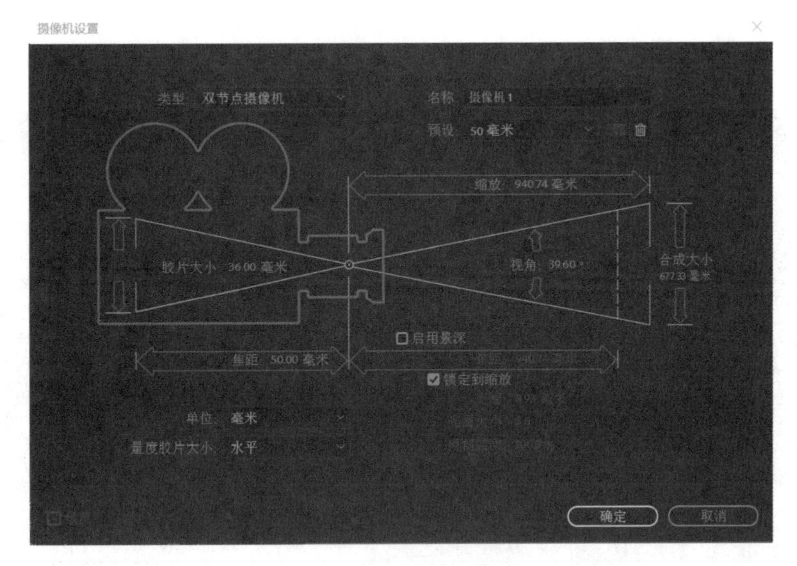

图 3-42　步骤三（1）

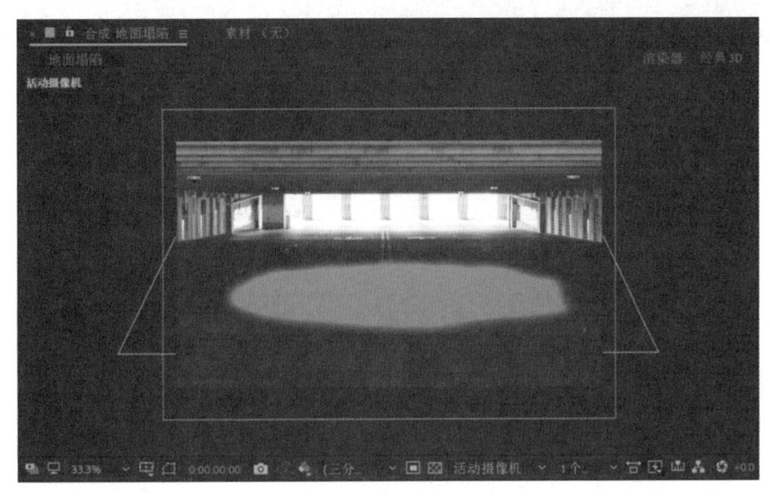

图 3-43　步骤三（2）

步骤四：选择【3D 塌陷】层，在菜单栏中执行【效果】|【颜色校正】|【三色调】命令，设置【高光】填充色的 RGB 值为（R=130，G=115，B=100），【中间调】填充色的 RGB 值为（R=50，G=40，B=35），【阴影】填充色的 RGB 值为（R=0，G=0，B=0），调整效果如图 3-44 所示。

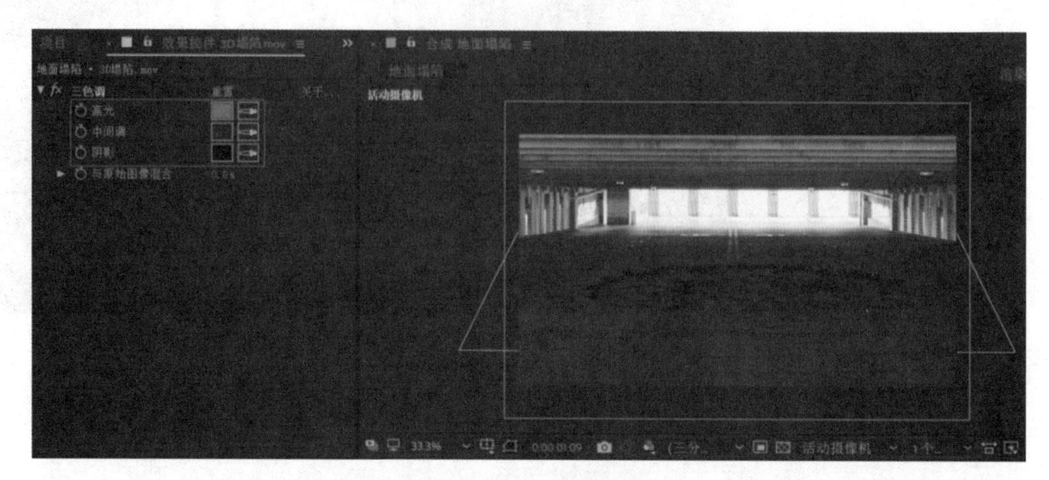

图 3-44　步骤四

步骤五：在【时间轴】面板中单击【3D 塌陷】层，选择【矩形】工具■，绘制一个细长的矩形作为图层的蒙版遮罩层，如图 3-45 所示。

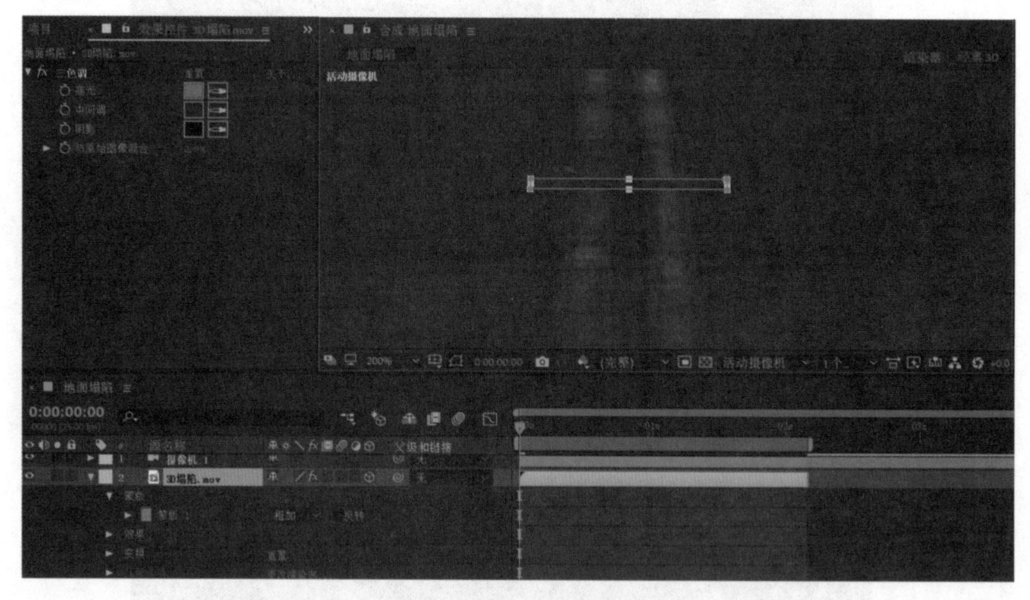

图 3-45　步骤五

步骤六：展开【蒙版】选项，调整【蒙版羽化】为“20 像素”，将时间指示标移到 0 帧的位置，在【蒙版不透明度】的位置记录关键帧，调整数据为 0；将时间指示标移到 3 帧的位置，在【蒙版不透明度】的位置记录关键帧，调整数据为 100%，如图 3-46 所示。

步骤七：将时间指示标移到 2 帧的位置，在【蒙版扩展】的位置上记录关键帧，调整数据为 100%；将时间指示标移到 10 帧的位置，在【蒙版扩展】的位置记录关键帧，调整数据为 700%，如图 3-47 所示。

步骤八：在菜单栏中执行【合成】|【添加到渲染队列】命令，单击【尚未指定】指定输出文件的位置与名称，如图 3-48 所示。单击【无损】弹出对话框，可调整输出文件的格式为【AVI】(高品质 / 内存大)或者【QuickTime】（中品质 / 内存适中）或者【MP3】（低品质 / 内存小），设置如图 3-49 所示。

步骤九：在【渲染队列】面板中单击【渲染】按钮即可输出文件，如图 3-50 所示。

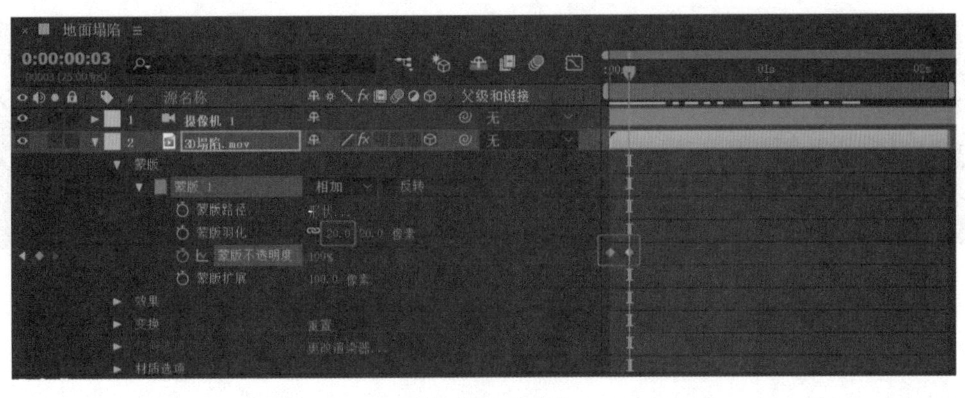

图 3-46　步骤六

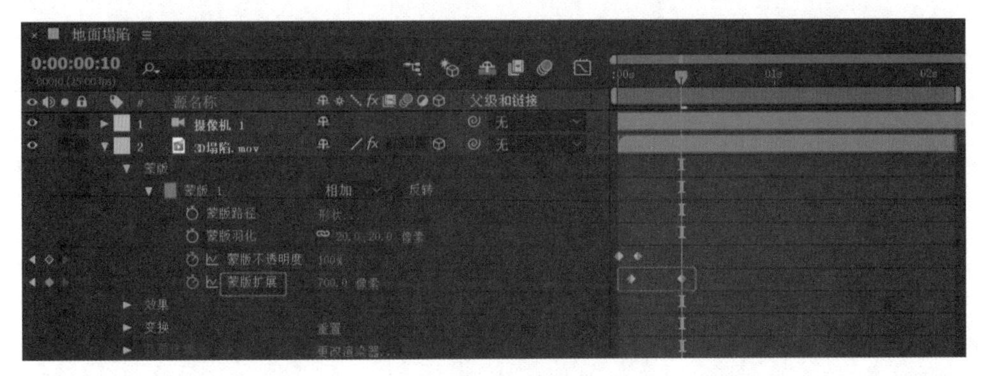

图 3-47　步骤七

图 3-48　步骤八（1）

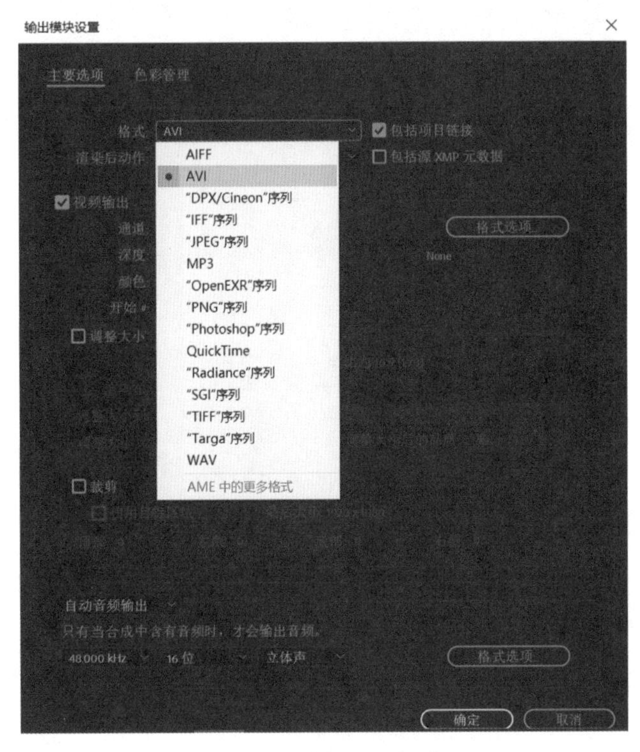

图 3-49　步骤八（2）

图 3-50 步骤九

三、学习任务小结

通过本次任务的学习，同学们已经了解了摄像机的基本操作。同学们通过地面塌陷动画的展示和分析，加强了对摄像机建立的空间分析，并加深了对物体随摄像机旋转的动画的认识。课后，大家需要针对本次任务所了解的内容进行归纳总结，完成相关的作业练习。

四、课后作业

运用摄像机景深和应用形状工具组绘制蒙版，制作地面塌陷视频作品。

灯光的使用

教学目标

（1）专业能力：能了解灯光的分类与灯光的基础知识，以及灯光在 3D 效果中的作用。

（2）社会能力：能收集、归纳和整理不同光线应用的摄影案例，结合灯光的基本要素对案例进行相关的用光分析。

（3）方法能力：信息和资料收集能力、案例分析能力、归纳总结能力。

学习目标

（1）知识目标：了解 3D 效果中灯光的概念，掌握灯光在场景中的应用方法。

（2）技能目标：能够从优秀的案例中分析总结出其使用灯光的光线效果和阴影特点。

（3）素质目标：能够根据学习要求与安排进行信息收集与分析整理，充分进行沟通与表达。

教学建议

1. 教师活动

（1）教师通过展示文字灯光片头效果，告知学生灯光的本质与特点，引出光的一系列基本概念与相关知识点，同时运用多媒体课件、教学图片、视频案例等多种教学手段，展示并分析在合成的场景中的光照条件或创建更有趣的视觉效果。

（2）教师通过展示与分析文字灯光动画，对光的相关知识点进行分析和总结，加深学生对相关知识的理解与记忆。

2. 学生活动

（1）根据教师展示的文字灯光片头效果，使用光照来匹配合成场景中的光照条件或创建更有趣的视觉效果。

（2）根据教师展示的相关灯光案例作品与用光分析，在一个场景中创建多个灯光，以展示复杂的视觉效果。

一、学习问题导入

各位同学，大家好！今天我们一起来学习灯光的基础知识与灯光的概念。在合成制作中，使用灯光可模拟现实世界中的真实效果，并能够渲染影片气氛、突出重点，那么在合成效果中，不同的灯光具备怎样的属性呢？下面，我们一起来学习灯光的概念与灯光的基础知识。

二、学习任务讲解

1. 灯光的基本概念

使用灯光功能可以增加画面光感的细微变化，这是手工模拟无法达到的。我们可以在 After Effects 软件中创建灯光，用来模拟现实世界中的真实光线效果。灯光功能在 After Effects 软件的 3D 效果中有着不可替代的作用，各种光线效果和阴影都依赖灯光功能。灯光图层作为 After Effects 软件中的一种特殊图层，除了正常的属性值，还有特有的属性，我们可以通过设置这些属性来控制画面效果。

2. 灯光的类型

在菜单栏中执行【图层】|【新建】|【灯光】命令来创建一个灯光图层，同时会弹出【灯光设置】对话框，如图 3-51 所示。

【灯光设置】对话框可以设置灯光的类型和基本属性。熟悉三维软件的读者对这几种灯光类型并不陌生。大多数三维软件都有这几种灯光类型。按照用户的不同需求，After Effects 软件提供了 4 种光源：平行光、聚光、点光和环境光。

（1）平行光。

平行光是光从某个点发射到目标位置，平行照射。类似于太阳光，光照范围是无限远的，它可以照亮场景中位于目标位置的每一个物体，并不会因为距离而衰减，如图 3-52 所示。

图 3-51 【灯光设置】对话框

图 3-52 平行光效果

（2）聚光。

聚光是光从某个点以圆锥形呈放射状发射到目标位置。被照射物体会形成一个圆形的光照范围，可以通过调整【锥形角度】来控制照射范围的面积。它是从一个点光源发出锥形的光线，照射面积受锥角大小的影响。锥角越大，照射面积越大；锥角越小，照射面积越小。该类型的灯光还受距离的影响。距离越远，亮度越弱，照射面积越大，如图 3-53 所示。

（3）点光。

点光是从某个点发射并向四周扩散。光源距离物体越远，光照的强度越弱。其效果类似于平时我们见到的人工光源，如图 3-54 所示。

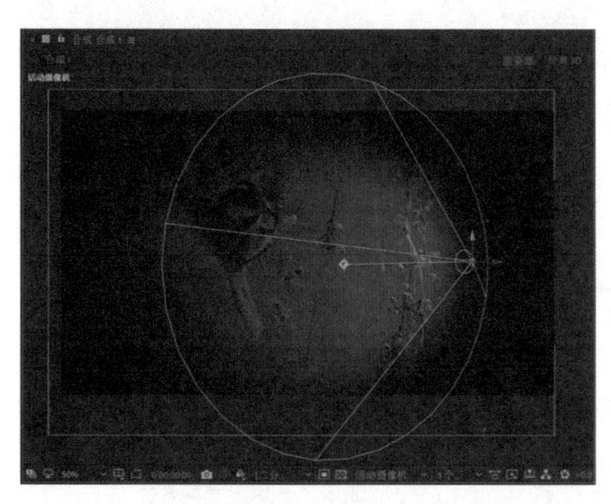
图 3-53　聚光效果

图 3-54　点光效果

（4）环境光。

环境光没有发射源，可以照亮场景中的所有物体，但是环境光无法产生投影，可以通过改变环境光源的颜色来统一整个画面的颜色氛围，如图 3-55 所示。

图 3-55　环境光效果

3. 灯光的属性

在创建灯光时可以先设置灯光的属性，也可以创建灯光后在【时间轴】面板中进行修改，如图 3-56 所示。

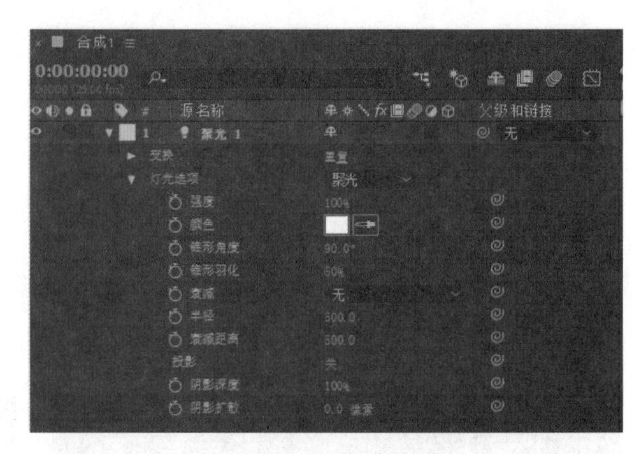

图 3-56　灯光的属性

①【强度】：控制灯光亮度。当【强度】值为 0 时，场景变黑。当【强度】值为负值时，可以起到吸光的作用。当场景中有其他灯光时，负值的灯光可减弱场景中的光照强度。如图 3-57(a) 所示是两盏灯强度为 100 的效果，如图 3-57(b) 所示是一盏灯强度为 150、一盏灯强度为 50 的效果。

②【颜色】：用于设置灯光的颜色。单击右侧的色块，在弹出的【颜色】对话框中设置一种颜色，也可以使用色块右侧的吸管工具在工作界面中拾取一种颜色，从而创建出有色光照射的效果。

③【锥形角度】：当选择聚光灯类型时才出现该参数，用于设置灯光的照射范围。角度越大，光照范围越大；角度越小，光照范围越小。如图 3-58 所示，分别为 90.0°（a）和 45.0°（b）的效果。

④【锥形羽化】：当选择聚光灯类型时才出现该参数。该参数用于设置聚光灯照明区域边缘的柔和度，默认设置为 50%。当设置为 0 时，照明区域边缘界线比较明显。参数越大，边缘越柔和。如图 3-59 所示为设置不同

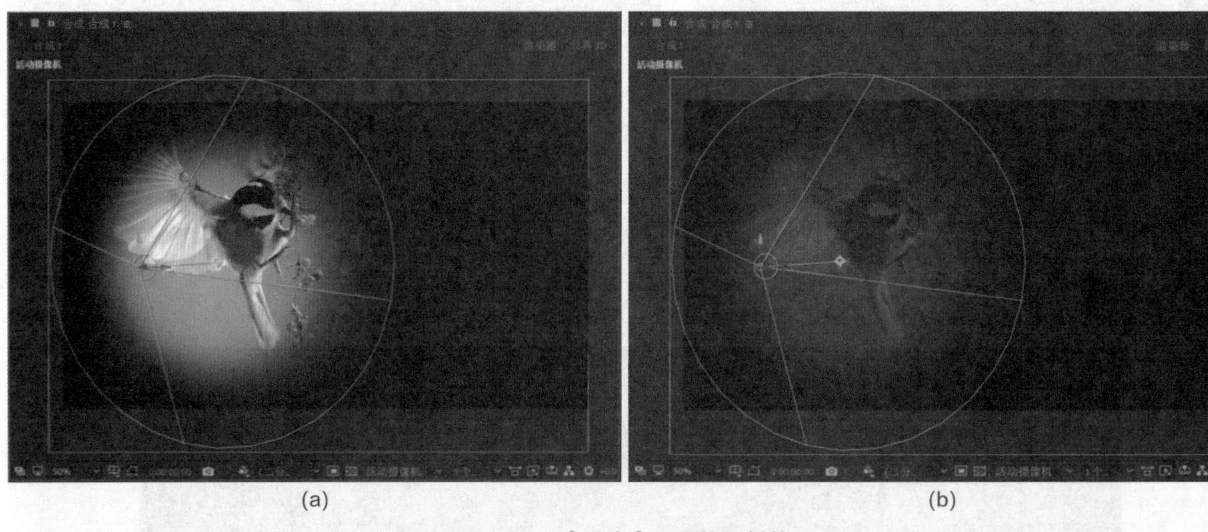

(a)　(b)

图 3-57　【强度】不同的照射效果

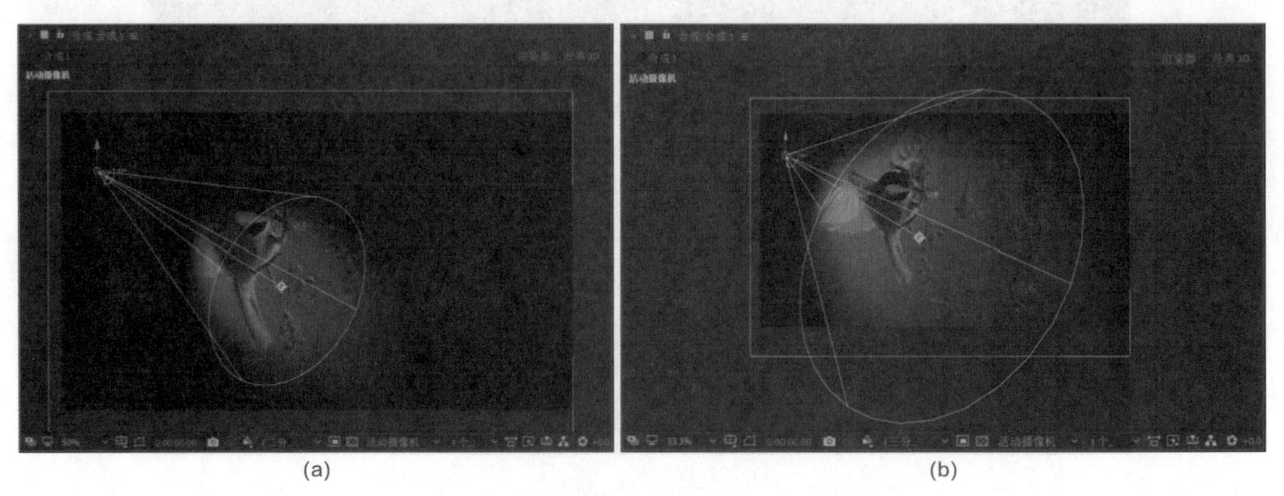

(a)　(b)

图 3-58　【锥形角度】不同的照射效果

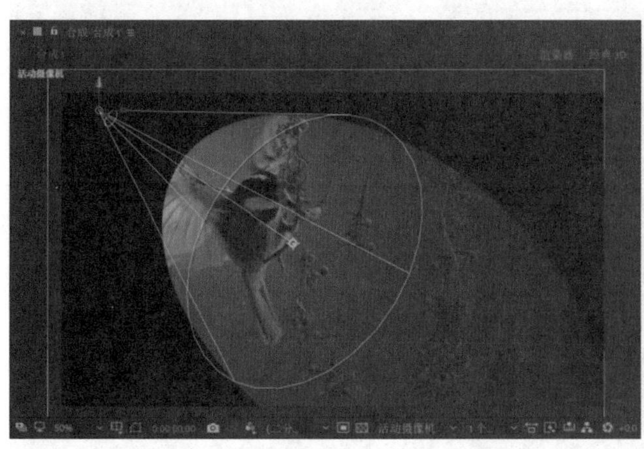
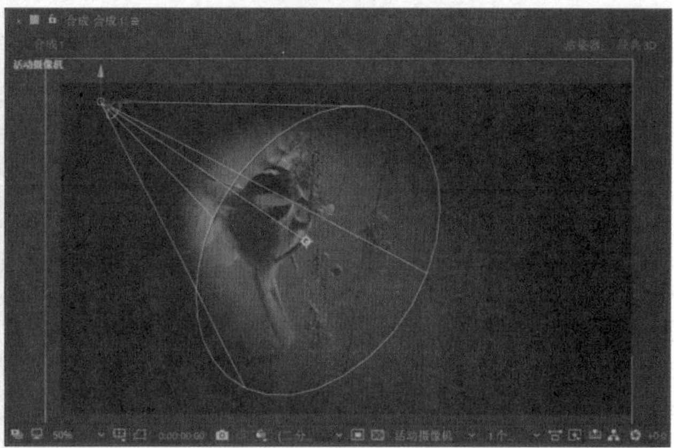
图 3-59 【锥形羽化】不同的照射效果

【锥形羽化】参数后的效果。

⑤【衰减】：用于设置衰减类型。

⑥【半径】：用于指定灯光衰减的半径。在此距离内，光照是不变的。在此距离外，光照衰减。

⑦【衰减距离】：用于指定光衰减的距离。

⑧【投影】：指定光源是否导致图层投影。【接受阴影】材质选项必须为【打开】，图层才能接收阴影；该设置是默认设置。【投影】材质选项必须为【打开】，图层才能投影；该设置不是默认设置。

⑨【阴影深度】：设置阴影的颜色深度，默认设置为 100%。参数越小，阴影的颜色越浅。

⑩【阴影扩散】：设置阴影的漫射扩散大小。根据阴影与阴影图层之间的视距，设置阴影的柔和度。值越高，阴影边缘越柔和。仅当选择了【投影】时，此控制才处于活动状态。

4. 实训案例：灯光文字片头

在 After Effects 三维合成中，不仅可以移动摄像机和灯光，还可以对它们的目标点进行移动。摄像机层和灯光层都包含一个【目标点】属性，以设置摄像机层和灯光层拍摄或投射的重点。默认状态下，目标点位于合成的中心，可以在任意时间移动目标点。

步骤一：打开 After Effects 软件，单击【新建合成】按钮，弹出【合成设置】对话框，将合成名称设置为【灯光文字片头】，在基本选项卡中，将持续时间设置为 5 秒，设置如图 3-60 所示，单击【确定】按钮，新建一个合成组。

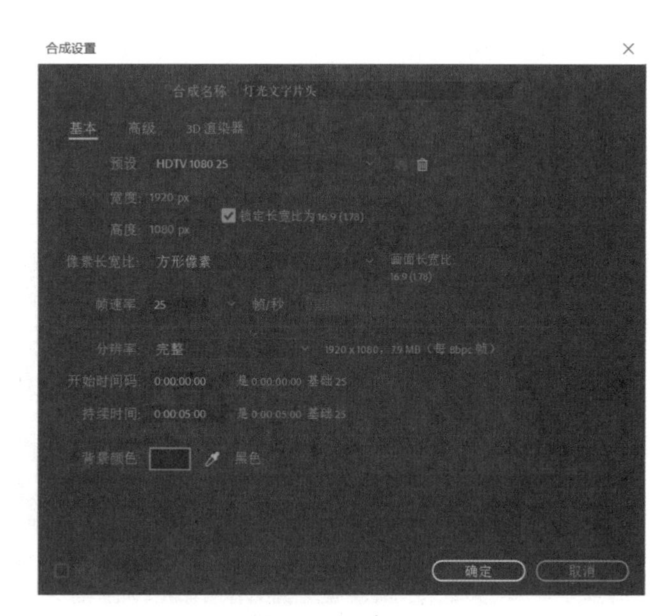

图 3-60 步骤一

步骤二：选择【横排文字】工具，输入【FASHION】，在【字符】面板中设置字体系列为黑体，文字字号为 400 像素，字体颜色为白色（R=255，G=255，B=255），设置字体后的效果如图 3-61 所示。

步骤三：在菜单栏中执行【图层】|【新建】|【纯色】，弹出【纯色设置】对话框，将纯色层名称设置为【地面】，颜色为白色（R=255，G=255，B=255），单击【确定】按钮，如图 3-62 所示。

步骤四：在【时间轴】面板中，单击【地面】图层的 3D 图层开关，展开【变换】选项，调整【X 轴旋转】为 0_{x}+90.0°，如图 3-63 所示。

图 3-61　步骤二

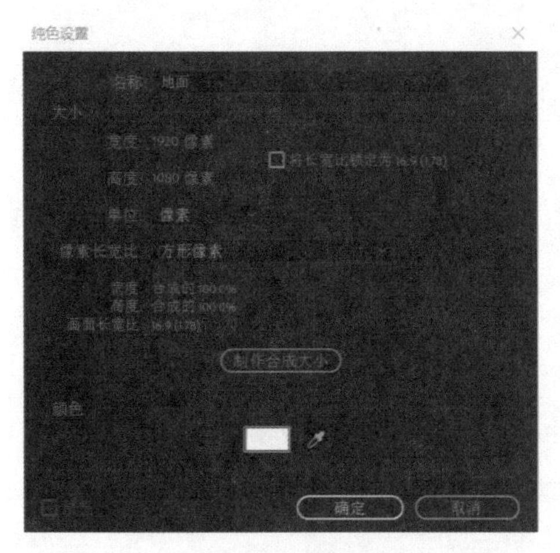

图 3-62　步骤三

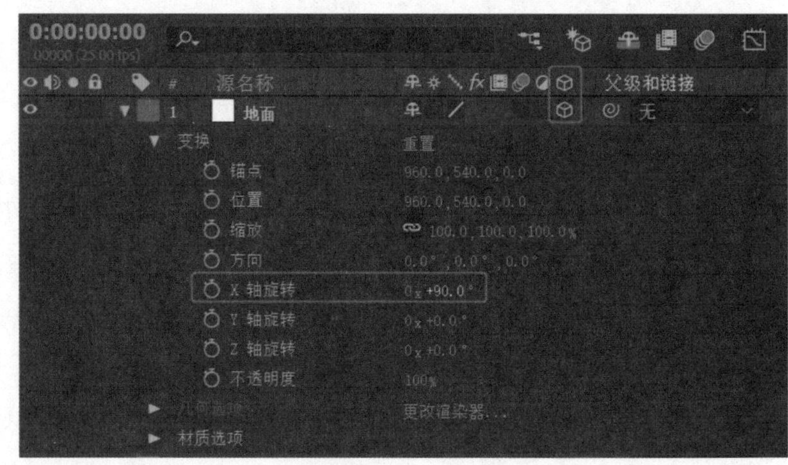

图 3-63　步骤四

步骤五：选择【选取】工具▶，将【地面】层沿着 Y 轴向下移动，移动至文字的下方位置，如图 3-64 所示。在【时间轴】面板中，单击【FASHION】文字图层的 3D 图层开关。

步骤六：在菜单栏中执行【图层】|【新建】|【摄像机】，弹出【摄像机设置】对话框，单击【确定】按钮，如图 3-65 所示。

图 3-64　步骤五

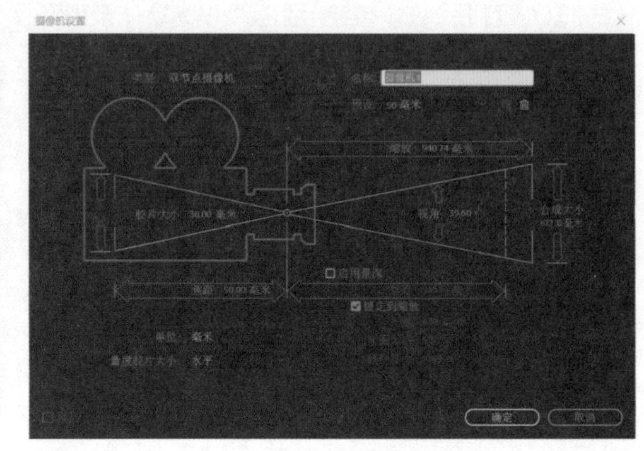

图 3-65　步骤六

步骤七：在菜单栏中执行【图层】|【新建】|【灯光】，弹出【灯光设置】对话框，选择【灯光类型】为【点】，颜色为白色（R=255，G=255，B=255），单击【确定】按钮，如图 3-66 所示。

步骤八：选择【统一摄像机】工具，沿着 X 轴的方向旋转查看效果，并使用【选取】工具移动灯光沿着 Y 轴向上，调整到适合的位置上，效果如图 3-67 所示。

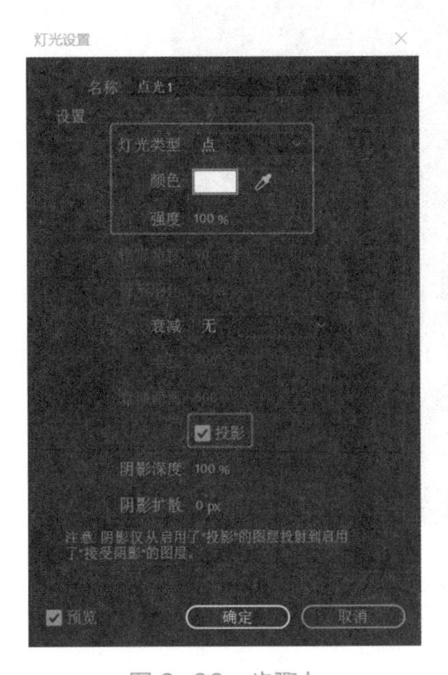

图 3-66　步骤七

图 3-67　步骤八

步骤九：在【时间轴】面板上，展开【FASHION】文字层的【材质选项】，将【投影】设置为【开】的状态，设置如图 3-68 所示。

步骤十：选择【地面】层，调整【变换】中的【缩放】为“200.0，200.0，200.0%”，设置如图 3-69 所示。文字投影的效果如图 3-70 所示。

步骤十一：在【时间轴】面板中，选择【点光 1】层，灯光选项中调整【强度】为 150%。将时间指示标移到 0 帧的位置，在【颜色】的位置上记录关键帧；将时间指示标移到 10 帧的位置，调整颜色为（R=100，G=180，B=185）；将时间指示标移到 20 帧的位

图 3-68　步骤九

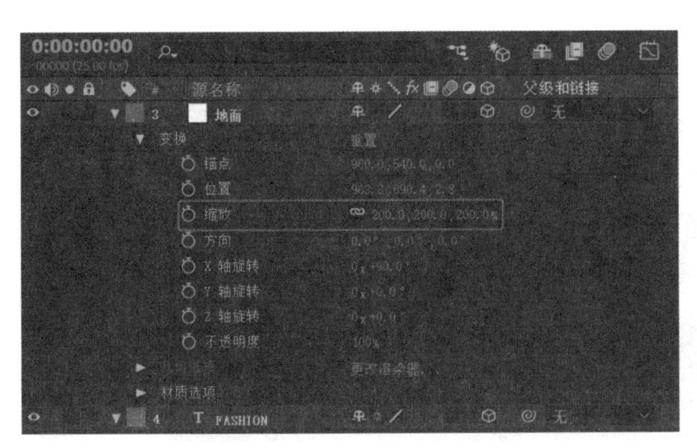

图 3-69　步骤十（1）

图 3-70　步骤十（2）

置，调整颜色为（R=125，G=200，B=50）；将时间指示标移到第 1 秒 5 帧的位置，调整颜色为（R=250，G=120，B=130），如图 3-71 所示。

图 3-71　步骤十一

步骤十二：在【时间轴】面板中，选择【点光 1】层【变换】中的【位置】选项，或者按快捷键 P 展开【位置】选项；将时间指示标移到 0 帧的位置，在【位置】选项上记录关键帧，调整 X 轴的数值为−600；将时间指示标移到第 1 秒 5 帧的位置，调整 X 轴的数值为 600，如图 3-72 所示。

图 3-72　步骤十二

步骤十三：选择【摄像机 1】层【变换】中的【位置】选项，将时间指示标移到 0 帧的位置，在【位置】选项上记录关键帧，调整数值为“−1000.0，−200.0，−1600.0”；将时间指示标移到第 1 秒 5 帧的位置，调整数值为“−700.0，0.0，−1000.0”，其他设置如图 3-73 所示。

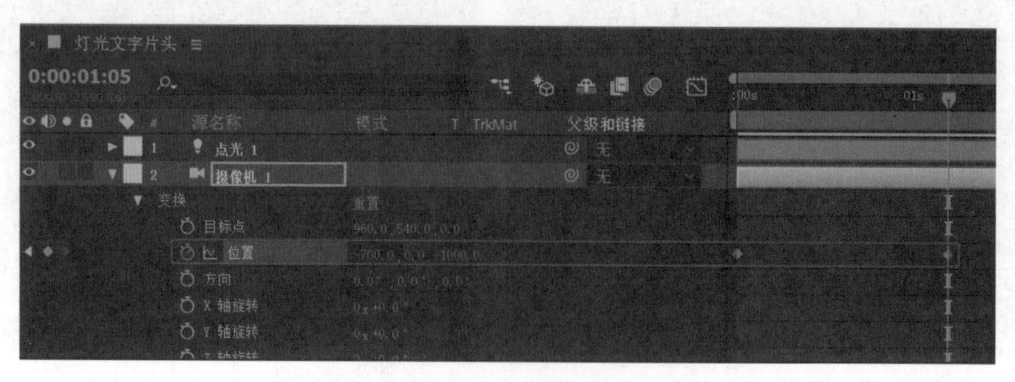

图 3-73　步骤十三

步骤十四：在菜单栏中执行【合成】|【预览】|【播放当前预览】命令，新闻节目片头制作的效果如图 3-74 所示。

图 3-74　步骤十四

步骤十五：在菜单栏中执行【合成】|【添加到渲染队列】命令，单击【尚未指定】指定输出文件的位置与名称，如图 3-75 所示。单击【无损】弹出对话框，可调整输出文件的格式为【AVI】(高品质 / 内存大)或者【QuickTime】(中品质 / 内存适中)或者【MP3】(低品质 / 内存小)，设置如图 3-76 所示。

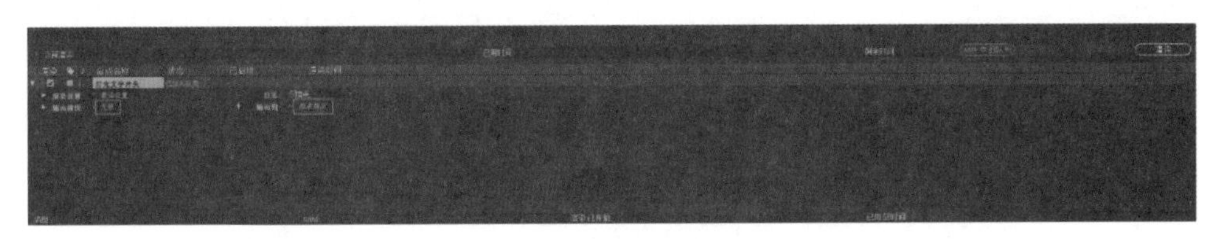

图 3-75　步骤十五（1）

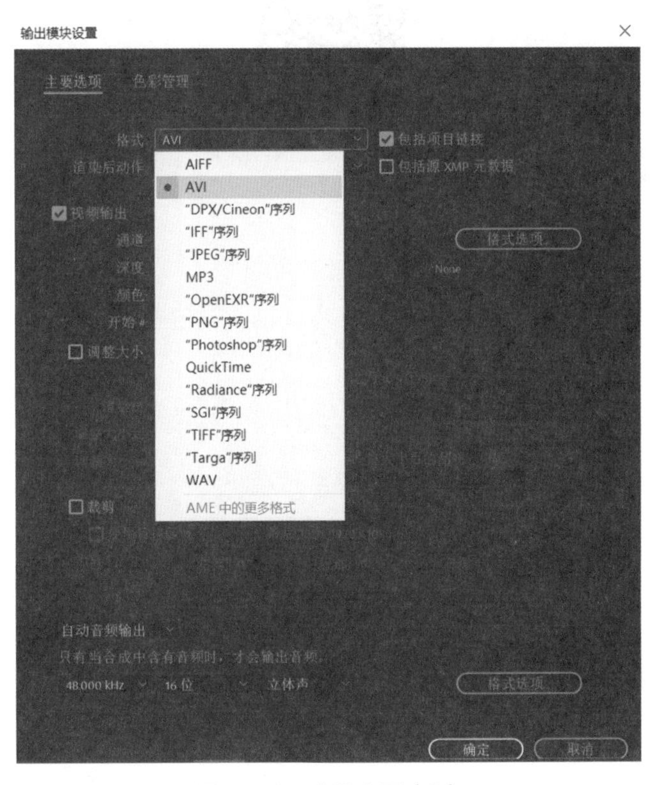

图 3-76　步骤十五（2）

步骤十六：在【渲染队列】面板中单击【渲染】按钮即可输出文件，如图 3-77 所示。

图 3-77　步骤十六

三、学习任务小结

通过本次任务的学习，同学们已经了解灯光的分类、灯光的基础知识和 3D 效果中灯光的概念，掌握了灯光在场景中的应用方法。同学们了解到除了光照类型和投影属性，还可以为光照的所有其他设置制作动画。通过灯光文字片头的动画的展示和分析，同学们加强了对光的认识与理解。课后，需要大家针对本次任务所了解的内容进行归纳总结，完成相关的作业练习。

四、课后作业

同学们运用自己的名字来设置摄像机层并创建灯光，制作一个灯光文字片头视频。

拓展任务　商业综合实训

项目四

常规特效操作

学习任务一　闪电特效
学习任务二　水波纹特效

闪电特效

教学目标

（1）专业能力：能运用线条形态的控制效果，制作闪电特效。

（2）社会能力：能灵活运用闪电特效的制作方法对不同形态的闪电进行制作。

（3）方法能力：能对闪电类特效进行解构和分析，拟定制作方案。

学习目标

（1）知识目标：掌握闪电特效的模块化组成。

（2）技能目标：掌握湍流置换的效果，制作闪电特效各模块。

（3）素质目标：能够清晰表达模块化、流程化思路，具备较好的语言表达能力。

教学建议

1. 教师活动

（1）教师展示完整的闪电特效效果，并带领学生分析特效的变化。

（2）教师带领学生逐步分解闪电特效的构成模块，并分析每个模块所应用的技术重点和难点。

（3）教师示范每一个模块的制作方法，并引导学生学习制作方法及过程，并应用到自己的练习作品中。

（4）教师对模块化的闪电特效进行统筹和整合，最终汇成完整效果。

2. 学生活动

（1）学生观看教师提供的特效案例。

（2）学生跟着教师的思路，学习分解特效的构成，记录每个模块的重点和难点。

（3）学生认真学习每个模块的制作方法，不明之处用电子设备做好随堂记录。

（4）根据特效制作模块化的进度，学生对每个模块进行实操制作，最终汇总成完整的特效效果。

一、学习问题导入

各位同学，大家好！闪电是常见的自然现象，这种现象也常用于特效制作当中。本次课我们选用最基本的形状图层，对闪电现象进行特效制作。希望同学们能学会模块化的特效制作思路，通过此次案例举一反三，制作出更多不同形态的闪电效果。

二、学习任务讲解

1. 闪电现象的自然画面分解

闪电是一种强大的自然现象，它的画面构成通常是由闪电产生的光和色彩组成的。

① 闪电的形状和方向：闪电的形状和方向会影响画面的构成。通常情况下，闪电呈现出弯曲、分叉或者直线状，这些不同的形状都可以创造出不同的视觉效果。

② 闪电的颜色和亮度：闪电的颜色和亮度也是构成画面的重要因素。闪电的颜色通常是白色或者蓝白色，有时候还会呈现金色或者红色。同时，闪电的亮度也会影响画面的构成，一般情况下，亮度越强，构成的画面也越明亮。

③ 背景和环境：闪电的背景和环境也会影响画面的构成。如果是在黑暗的背景下观察闪电，那么闪电就会成为亮点，非常醒目；如果是在照明良好的环境下观察闪电，那么闪电就可能显得不够突出。

④ 夸张化效果：闪电落地时夸张的暴击效果，可以产生较大的视觉冲击力。

根据上述分析，分解闪电特效制作时对应的技能点，如表 4-1 所示。

表 4-1　闪电特效制作对应的技能点

模块化分解与制作	主要技能点分析
闪电主干（线状）走向制作	【修剪路径】+【湍流置换】
基于闪电主干上的分叉延展制作（分支制作）	【修剪路径】+【湍流置换】
闪电的色彩调节	【梯度渐变】+【发光】
闪电落地时暴击的效果制作	【椭圆】+【湍流置换】

2. 核心效果分析

（1）湍流置换使用方法和特点。

① 使用：在菜单栏中执行【效果】|【扭曲】|【湍流置换】命令即可应用到图层上。

② 湍流效果：可以模拟出湍流的效果，使图层看起来像是受到外部力量的影响，产生自然的波动和扭曲。这种效果通常用来模拟风吹动树叶、水面波浪等自然现象。

③ 参数调节：该效果具有多个参数，包括置换模式和湍流数量、大小、偏移、复杂度、演化以及演化选项等，可以通过调整这些参数来控制湍流效果的外观和行为，如图 4-1 所示。

④ 动态性：该效果可以应用在静态图像或视频上，并可以通过关键帧动画来实现湍流效果随时间的变化而变化从而创建出动态的湍流效果，增加视频的动感和趣味性。

⑤ 叠加应用：可以在同一图层上叠加多个“湍流置换”效果，或者将其与其他效果结合使用，以创建更复

杂的湍流效果。

（2）梯度渐变使用方法和特点。

①使用：在菜单栏中执行【效果】|【生成】|【梯度渐变】命令即可应用到图层上。

②平滑渐变：能够在图层上创建平滑的渐变效果。可以从一个颜色过渡到另一个颜色，使渐变过程看起来更自然。

③多种颜色：通过【起始颜色】和【结束颜色】可以创建多种颜色的渐变过渡，如图 4-2 所示。

④可调整方向：通过【渐变起点】与【渐变终点】可以调整渐变的方向，从而决定渐变的角度和位置，可以在图层上的不同位置创建不同方向的渐变，如图 4-2 所示。

⑤自定义中心点：通过【渐变起点】自定义渐变的中心点，这意味着可以将渐变的焦点放在选择的特定区域。

⑥透明度控制：可以在【与原始图像混合】设置颜色渐变到透明度的效果。

⑦结合其他效果：可以将“梯度渐变”效果与其他效果结合使用，如遮罩、发光等，以创造出更加复杂的效果。

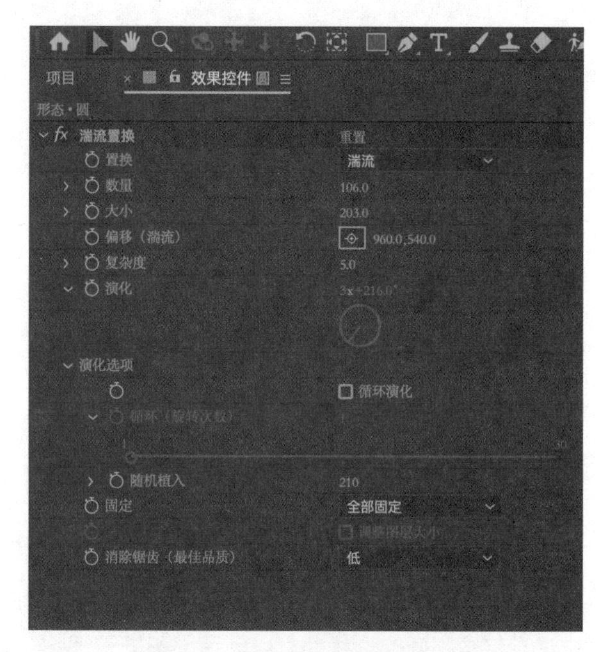

图 4-1　湍流置换效果参数面板

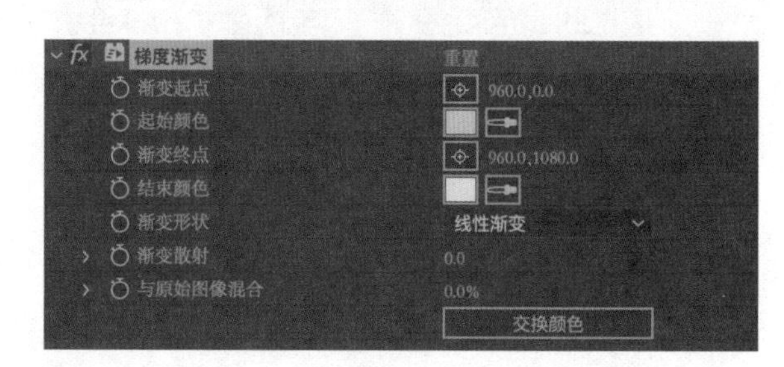

图 4-2　梯度渐变的效果控制面板

3. 案例实训：动漫闪电特效

（1）闪电主干制作。

步骤一：按 Ctrl+N 新建合成，命名为“形态”，合成界面统一设置为 1920px × 1080px，25 帧 / 秒，如图 4-3 所示。

步骤二：选择【钢笔工具】，空白处画一条直线，生成一个“形状图层”，命名为“主干”，如图 4-4 所示。

步骤三：打开【添加】选项，添加【修剪路径】效果，如图 4-5 所示。展开【修剪路径】列表，在【结束】处，对应关键帧 0 帧至 8 帧，设置数值为 0.0 至 100.0%，使得主干线条呈现“从无到有”的出现效果；在【开始】处，对应关键帧 14 帧至 21 帧，设置数值为 100.0% 至 0.0，使得主干呈现“从有到无”的消失效果，如图 4-5 所示。

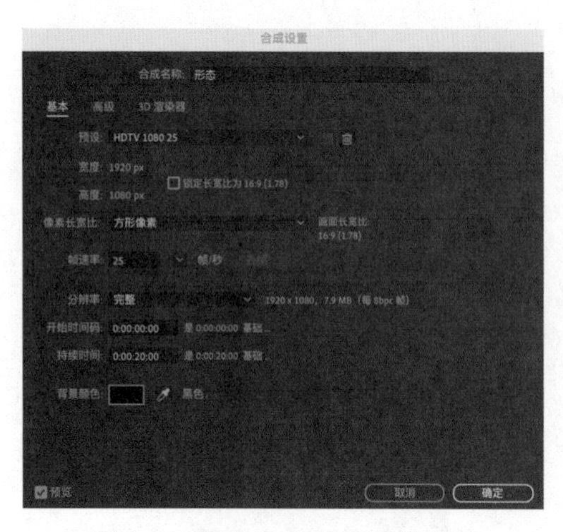

图 4-3　新建合成设置的参数面板

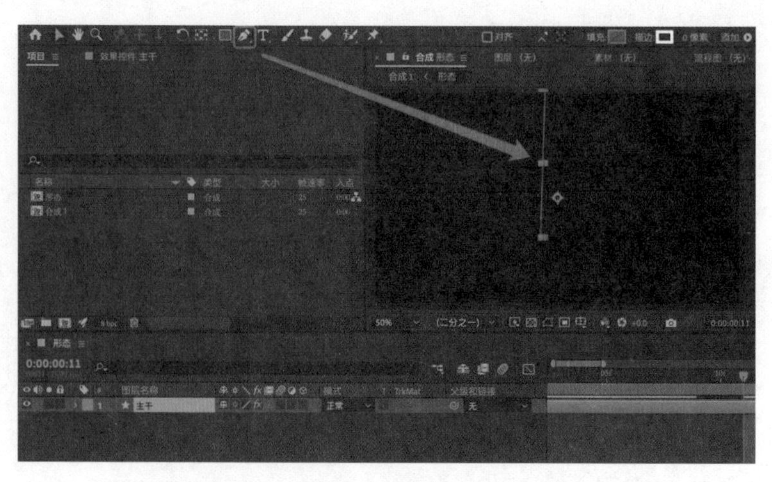

图 4-4　绘制直线

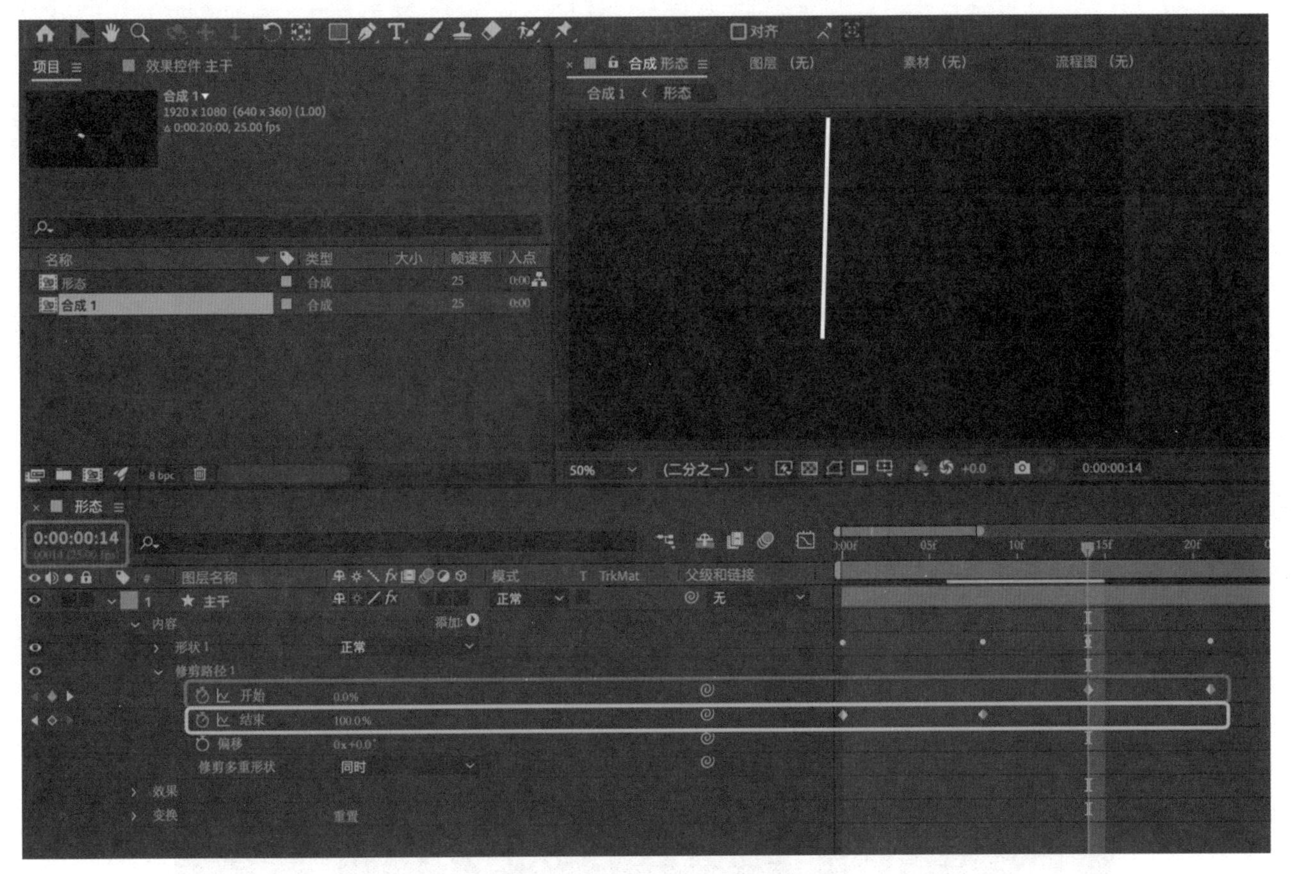

图 4-5　设置主干的出现与消失

步骤四：打开【添加】选项，添加【摆动路径】效果，点开下拉列表，【大小】改成 120.0，【详细信息】改成 5.0,【摇摆 / 秒】改成 20.0。完成主干呈弯曲摇摆动画制作部分，如图 4-6 所示。

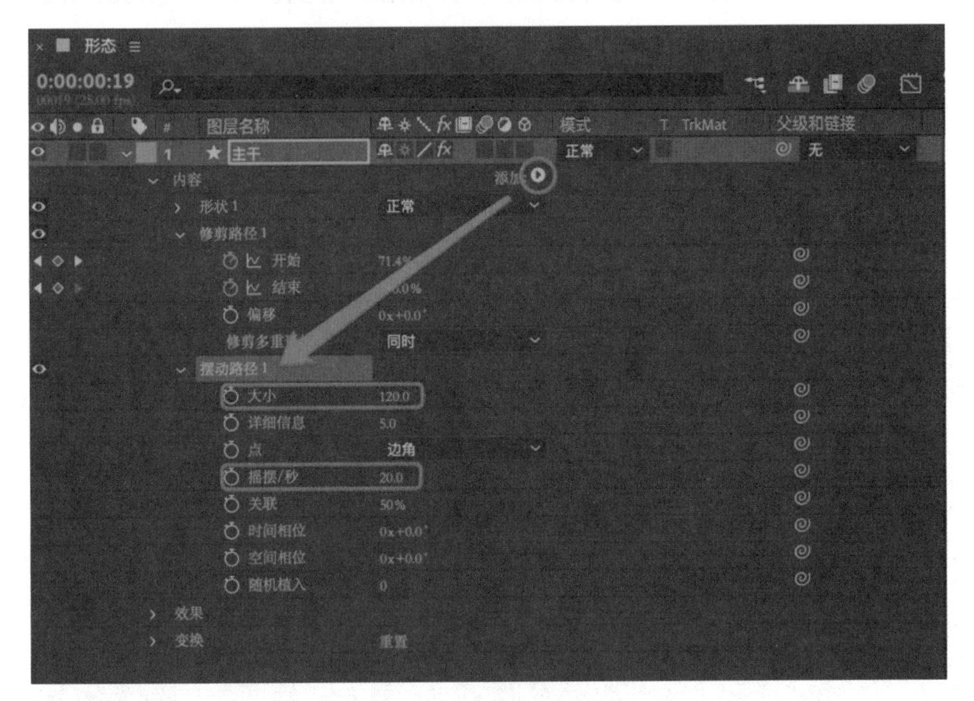

图 4-6　添加摆动参数

步骤五：打开【内容】|【形状】|【描边】，描边宽度对应 0 帧至 8 帧，改成 3.0 至 15.0；对应 14 帧至 21 帧，改为 15.0 至 5.0，使得主干部分成为一个宽窄的变量，如图 4-7 所示。

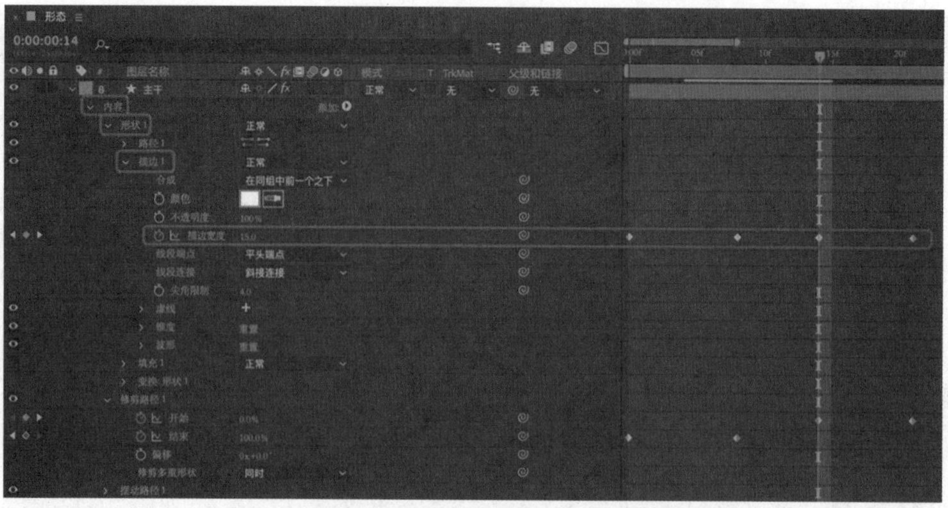

图 4-7　通过关键帧设定主干粗细变量

步骤六：给主干图层添加湍流置换效果，把【复杂度】改成 5.0，如图 4-8 所示。

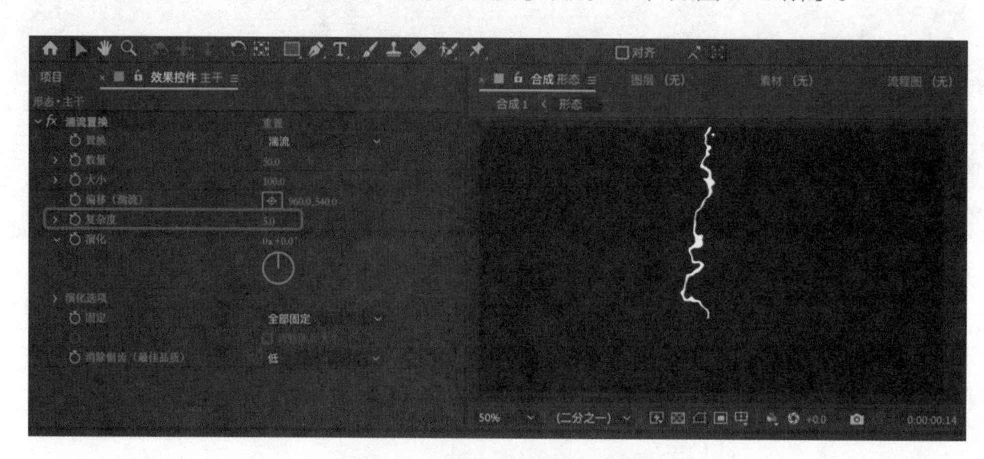

图 4-8　增强主干的曲折效果

（2）闪电分支制作。

步骤一：选中主干图层并按 Ctrl+D 复制一层，重命名为“枝干”。展开枝干图层的【内容】|【形状】|【描边】，【描边宽度】改成 2.0，如图 4-9 所示。调整湍流置换的【复杂度】为 7.5。最后调整枝干图层的位置，使得枝干图层视觉上成为闪电主干的分叉，如图 4-10 所示。

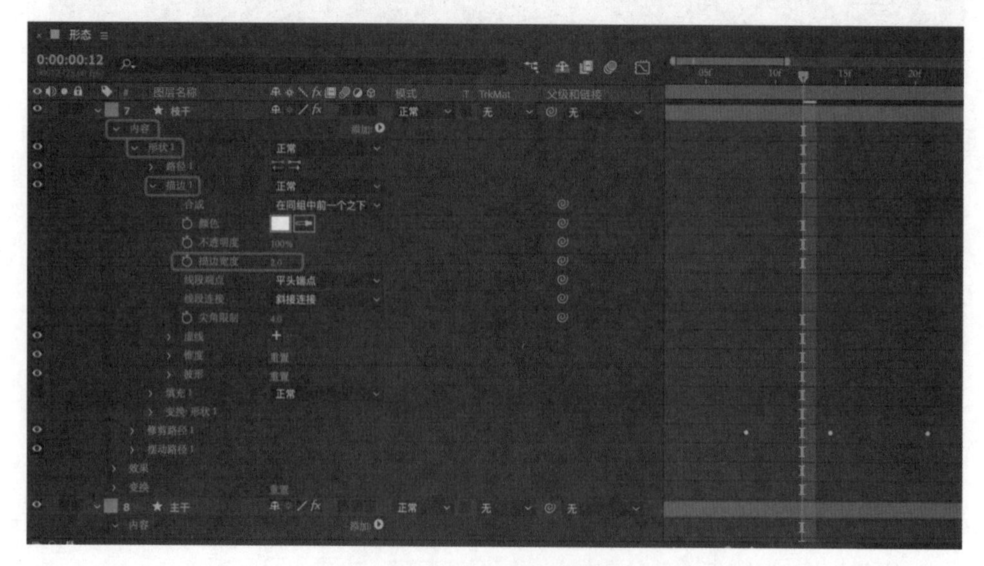

图 4-9　调整枝干参数

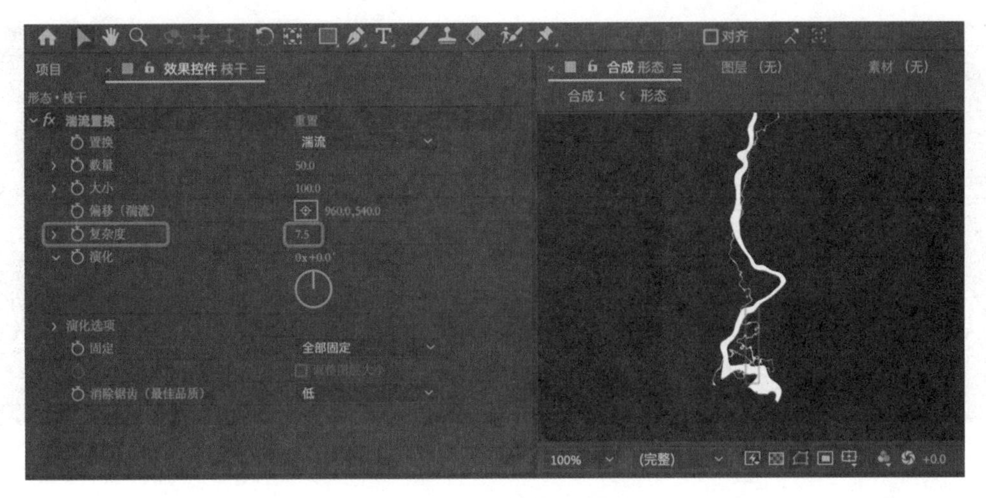

图 4-10　调整枝干位置

步骤二：选中枝干图层并按 Ctrl+D 复制一层，重命名为“枝干 2”。展开枝干 2 图层的【内容】|【形状】|【描边】，【描边宽度】改成 5.0，调整【湍流置换】的【复杂度】为 6.0，如图 4-11 所示。调整枝干 2 图层的位置，使得枝干 2 图层视觉上成为闪电主干的另一条分叉。

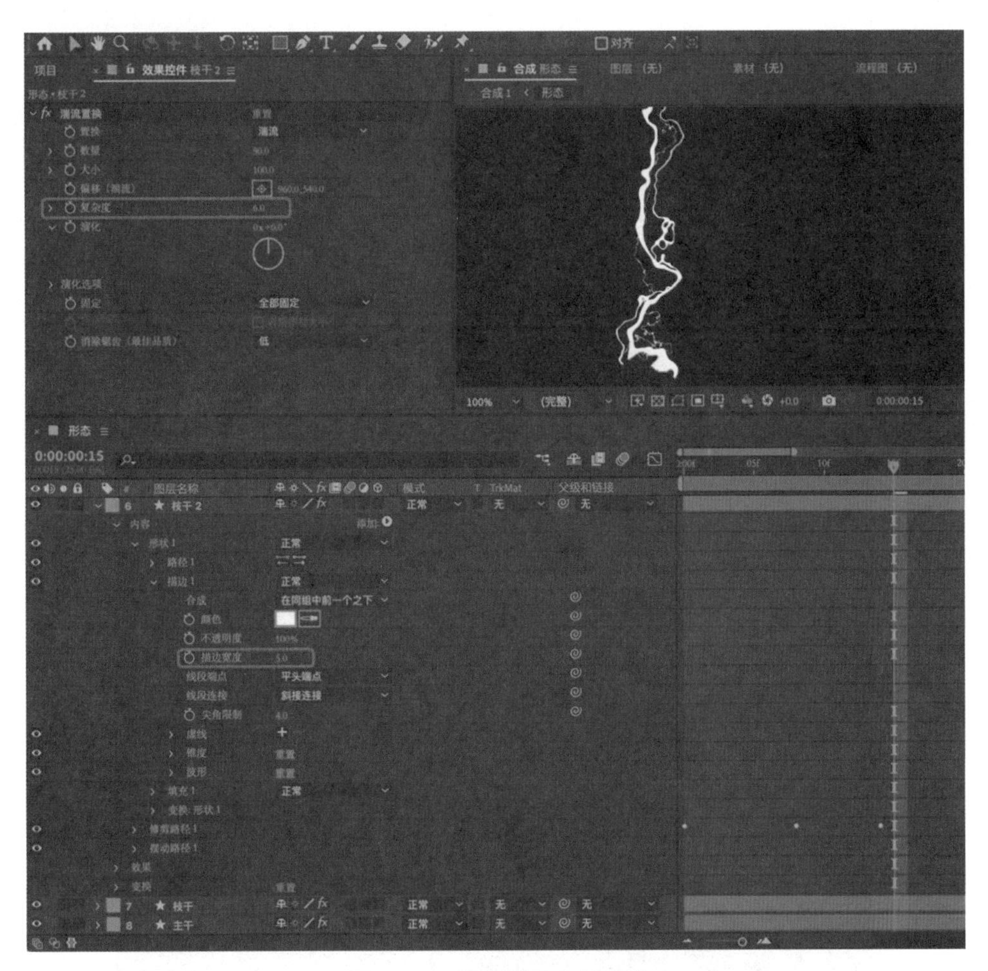

图 4-11　调整枝干 2 的参数

（3）闪电落地暴击制作。

步骤一：选择椭圆工具，在闪电底部终结处绘制一个圆，图层命名为“圆”，如图 4-12 所示。

步骤二：打开【内容】|【椭圆】|【描边】|【虚线】，点击“+”添加虚线，数值改成 130.0，【描边宽度】在 5 帧处改成 40.0，在 21 帧处改成 0.0，使得图像呈现从有到无的动画效果，如图 4-13 所示。

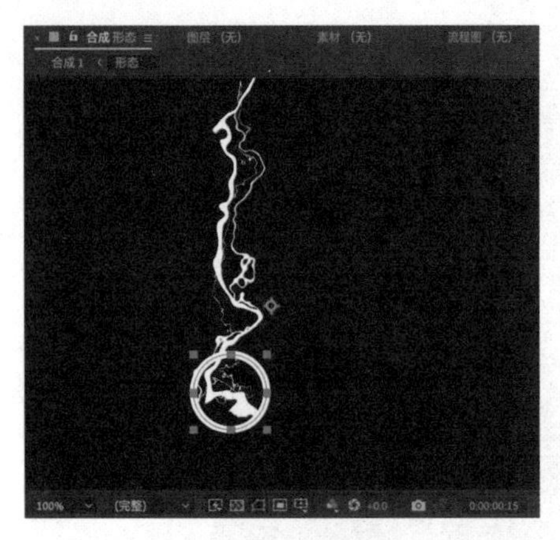

图 4-12　添加圆

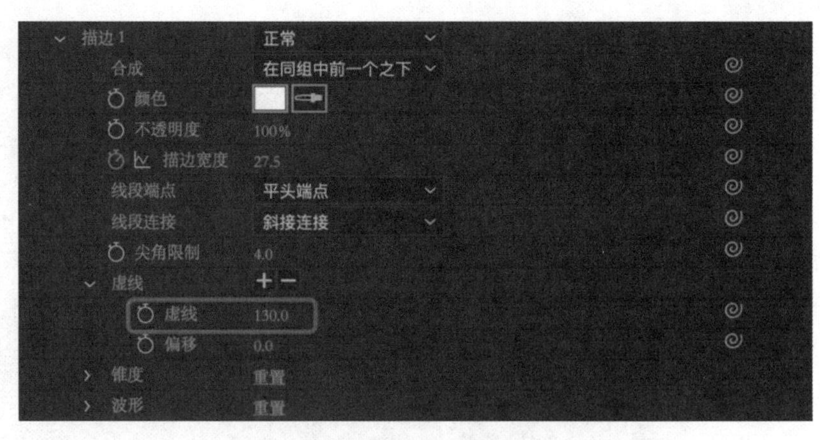

图 4-13　添加虚线

步骤三：打开【内容】|【椭圆 1】|【椭圆路径 1】，在 5 帧处改为 0.0，在 21 帧处改成 240.0，使得路径呈现逐渐放大效果，如图 4-14 所示。

步骤四：给圆图层添加湍流置换效果，【数量】为 106，【大小】为 203，【复杂度】为 5.0，【演化】添加表达式为【time*600】（可根据视感自行调整），【演化选项】|【随机植入】调整为 210，如图 4-15 所示。

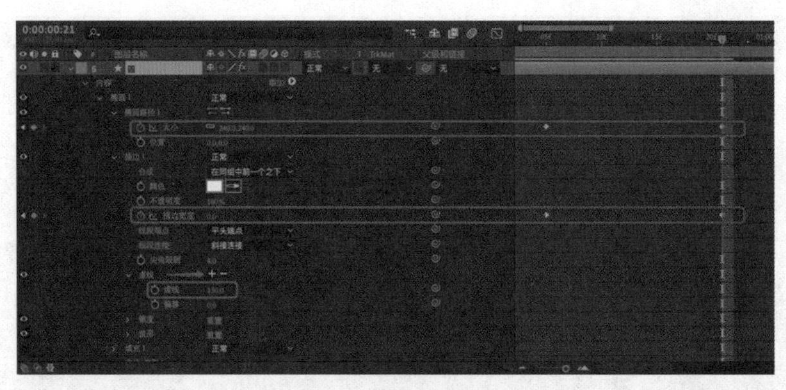

图 4-14　调整圆的动态

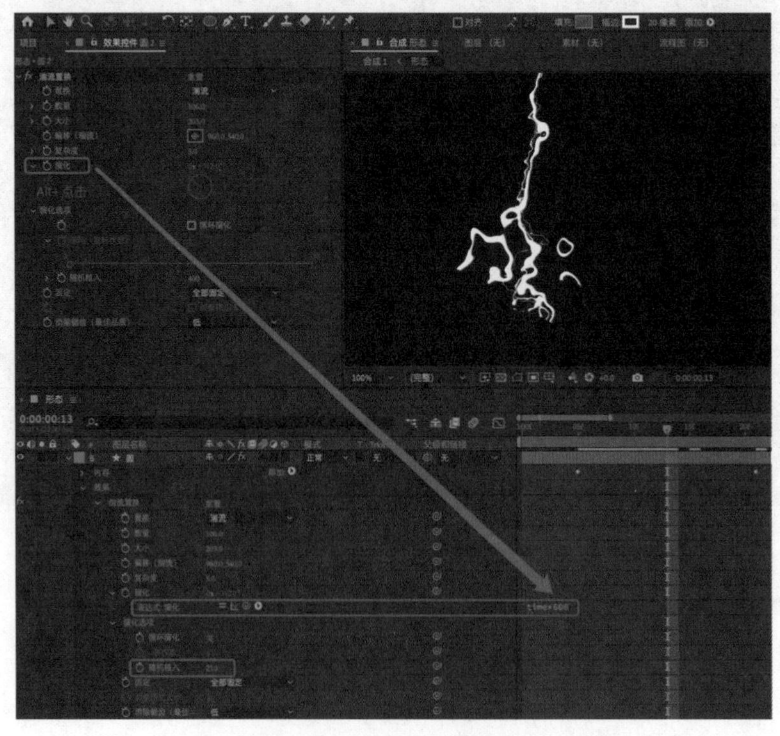

图 4-15　添加演化表达式

步骤五：按 Ctrl+D 复制圆图层，命名为“圆 2”，【演化选项】|【随机植入】调整为 400，如图 4-16 所示。

图 4-16　设置随机植入参数

步骤六：按 Ctrl+D 复制圆 2 图层，命名为“圆 3”，【演化选项】|【随机植入】调整为 600。

步骤七：按 Ctrl+D 复制圆 3 图层，命名为“圆 4”，【演化选项】|【随机植入】调整为 550。

步骤八：按 Ctrl+D 复制圆 4 图层，命名为“圆 5”。按快捷键 U，关闭【大小】的关键帧，把【大小】数值改成 90，在【描边宽度】中间添加关键帧，数值设为 150，两边关键帧改为 0，选中【描边宽度】关键帧，按住 Alt 键把时间缩短到适当位置，以此效果制作雷击触地时的爆破效果，如图 4-17 所示。

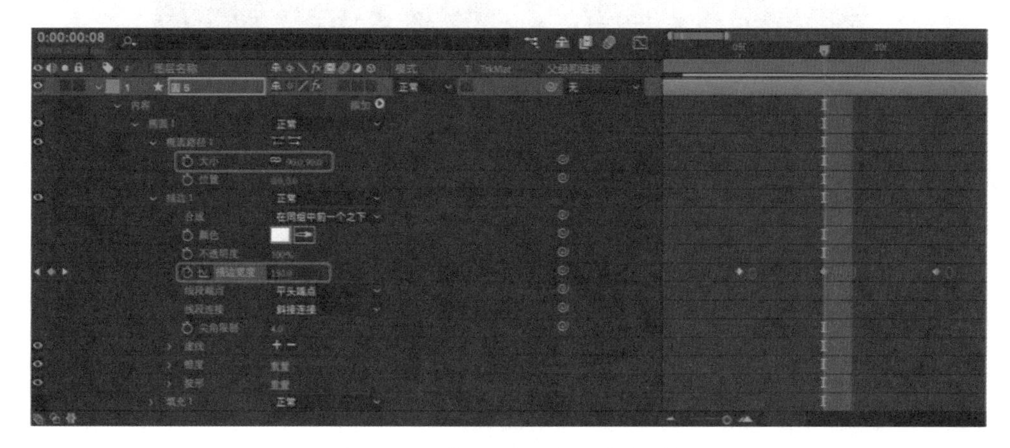

图 4-17　雷击触地的爆破效果制作

（4）闪电色彩调节。

步骤一：按 Ctrl+N 新建合成，命名为【最终合成】，合成界面统一设置为 1920px×1080px，25 帧 / 秒。

步骤二：将【形态】合成拖入【最终合成】，如图 4-18 所示。

步骤三：添加梯度渐变效果，根据闪电的视感，修改【起始颜色】和【结束颜色】，如图 4-19 所示。

步骤四：添加发光效果，调整【发光阈值】为 50%，【发光半径】为 64.0。如有画面需要，可以调整 A 点和 B 点的颜色，使之与环境相协调，如图 4-20 所示。

图 4-18　拖至【最终合成】

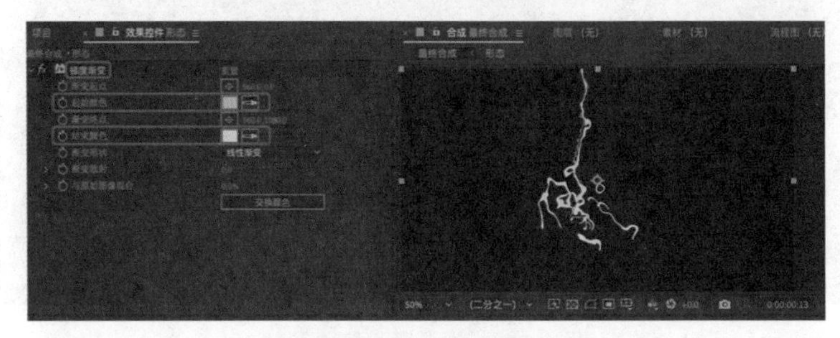

图 4-19　添加色彩

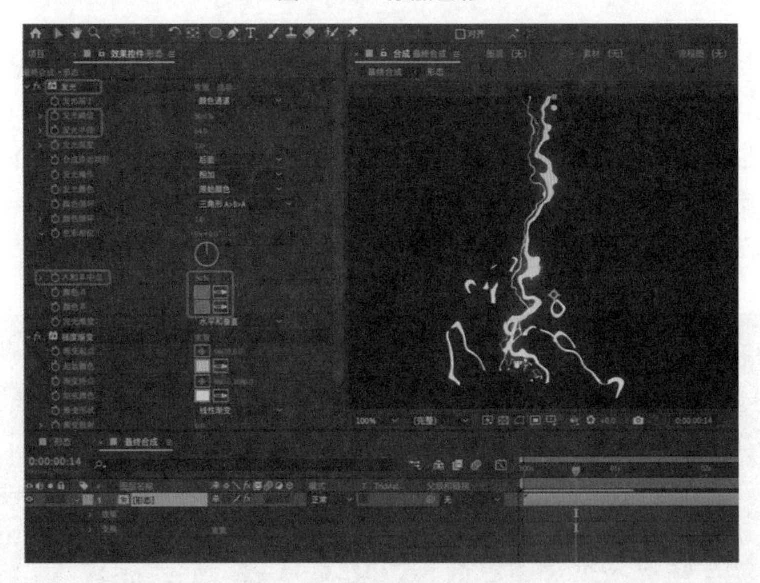

图 4-20　添加发光效果

三、学习任务小结

本次任务介绍了较为简单的特效制作方法，通过解构自然现象、分析特效思路、归纳总结所需技能点、模块化制作（包含错误尝试法），逐步养成学生的特效制作思维，在往后的二次创作中，大家要培养举一反三的能力，掌握同类型特效的制作方法和解构思维。

四、课后作业

每位同学使用“形状图层”的自身效果，根据教师所罗列的制作思路，制作不同形状的闪电效果。

水波纹特效

教学目标

（1）专业能力：通过“分形杂色”效果的熟练运用，制作紊乱类特效。

（2）社会能力：能灵活运用紊乱、扰流类特效的制作方法制作不同形态的紊乱类特效。

（3）方法能力：能对紊乱、扰流类特效进行解构和分析，拟定制作方案。

学习目标

（1）知识目标：掌握紊乱、扰流类特效的制作思路。

（2）技能目标：掌握“分形杂色”的效果，能对同类型的扰流类特效进行制作。

（3）素质目标：能够清晰表达模块化、流程化思路，具备较好的逻辑分析能力。

教学建议

1. 教师活动

（1）教师展示完整的水波纹特效效果，并带领学生分析对比特效制作合成前后的变化。

（2）教师带领学生逐步分解水波纹的制作思路和美学特征，并分析制作思路所应用的技术重点和难点。

（3）教师概括性讲解水波纹的制作思路，且边讲解边演示。

（4）教师基于制作思路的每个环节，深入具体讲解每个环节的技术操作，并引导学生学习其制作方法及过程，应用到自己的练习作品中。

（5）教师对水波纹特效进行最后调整，最终完成整体效果。

2. 学生活动

（1）学生观看教师提供的特效案例。

（2）学生跟着教师的思路，学习分解水波纹的美学特征和制作思路，同时记录每个流程的重点和难点。

（3）学生认真聆听水波纹的制作思路，并进行尝试性作业。

（4）学生认真聆听每个思路环节的技术操作，不明之处用电子设备做好随堂录制，进而深入作业。

（5）学生根据教师的评述对画面作最后调整。

一、学习问题导入

各位同学，大家好！水波纹是我们再熟悉不过的自然现象，但我们如何把这种现象通过特效的方法表现出来呢？在 After Effects 特效制作中，水波纹这类特效属于紊乱、扰流类特效，利用“分形杂色”效果制作。大家掌握此技能后才能举一反三，做出更多同类型的扰流类特效。

二、学习任务讲解

1. 水波纹现象的自然画面分解

① 水波纹形态：水波纹的形态通常呈现圆形或者椭圆形，并且水波纹会逐渐扩散，最后逐渐消失。

② 颜色变化：在光线照射下，水波纹的颜色通常会随着光线的角度变化而发生变化，呈现出不同的色调，从而形成渐变效果。

③ 反射与折射：当光线照射到水面时，会发生反射和折射，形成镜面反射和水下折射的效果。

④ 纹理细节：水波纹的纹理通常会呈现出不规则、错综复杂的特点，可以表现出水波流动时的细节和动态效果。

⑤ 环境反射：水波纹的画面通常会受到周围环境的影响，如水波纹会在反射其他物体的影像时形成物体的扭曲效果。

根据上述分析，分解水波纹制作时所对应的技能点，见表 4-2。

表 4-2　水波纹制作所对应的技能点

模块化分解与制作	主要技能点分析
水波纹形态变化	【分形杂色】+【极坐标】+【动态拼贴】
水波纹颜色变化	【CC Glass Wipe】
反射与折射	【发光】+【CC Glass Wipe】
纹理细节	【填充】
与环境合成	【置换图】

（1）构建水波纹的特效基本型。

（2）发光、扭曲、置换、折射、反射等效果设置。

（3）调整水波纹的色彩变化。

2. 核心效果分析

（1）分形杂色的使用方法和特点。

① 使用：在菜单栏中执行【效果】|【杂色和颗粒】|【分形杂色】命令即可应用到图层上，如图 4-21 所示。

② 噪点和纹理：分形杂色可以模拟自然界中的纹理、噪点和随机性，从而为图像或图层添加更多的细节和真实感。

图 4-21　分形杂色效果控制面板

③ 自定义生成：可以通过调整参数来自定义生成的噪点图案。通过修改每一项设置参数，以满足不同效果的需求。

④ 图层叠加：通过【混合模式】与其他图层叠加，创建出各种独特的背景、纹理和视觉效果。

⑤ 蒙版和遮罩：可以使用蒙版和遮罩来限制分形杂色效果的区域，从而在特定区域内应用纹理和噪点。

⑥ 与其他效果结合：与其他效果结合使用，如模糊、色彩校正等，以创造出更加复杂和引人注目的效果。

⑦ 动画效果：可以在动画中使用关键帧或表达式控制【演化】，从而创建出随时间变化的纹理和噪点效果。

（2）极坐标的使用方法和特点。

① 极坐标转换：可以将图像从常规的笛卡儿坐标系（X、Y 坐标）转换为极坐标系（角度和半径）。这种转换可以创建环形或圆形的图像效果，使图像从中心向外辐射或由外向内聚集，如图 4-22 所示。

② 对称变换：可以创建对称的图像效果，使图像在中心轴上产生反射。

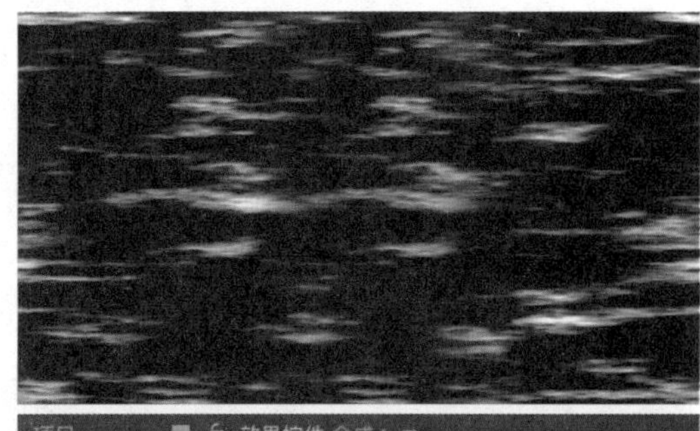

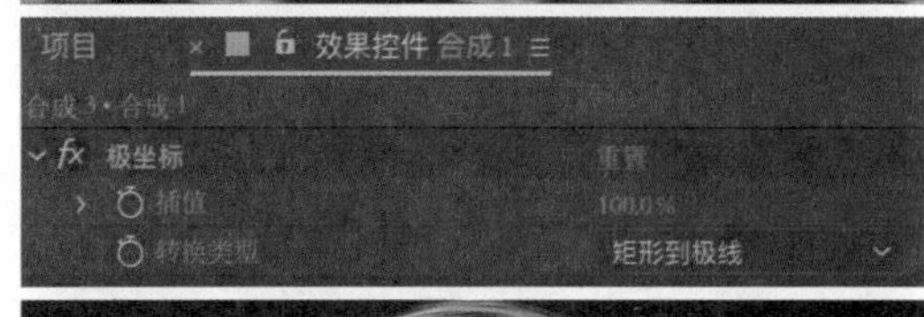

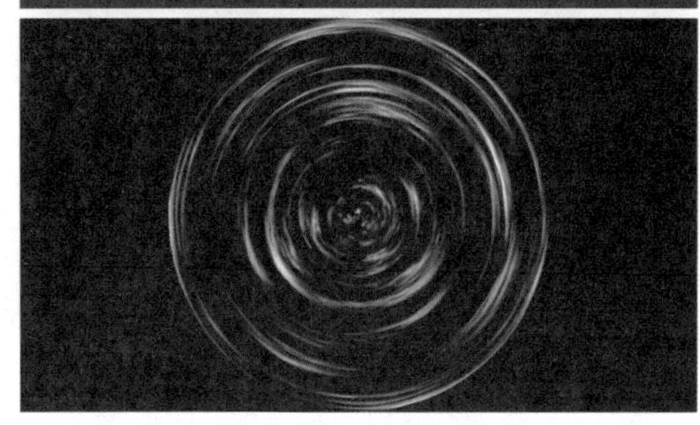

图 4-22　极坐标添加前后效果展示

③ 梯度效果：可以创建梯度效果，使图像在不同角度上的亮度产生渐变，适合水波纹的制作。

（3）动态拼贴的使用方法和特点。

① 无限循环效果：能够创建出无限循环的拼贴效果，使图像或图层不断重复和扩展。

② 扩展和重复：可以扩展图像或图层，使其填充整个画面，或者在画面中重复出现。

③ 边缘处理：调整图像或图层的边缘处理方式，使其在拼贴时更加自然和平滑。

（4）CC Glass Wipe 的使用方法和特点。

在【CC Glass Wipe】控制面板中，可以调整各种参数来定制效果。这些参数包括玻璃效果的完整度（Completion）、柔和度（Softness）、位移量（Displacement Amount），根据需要调整参数，直到达到理想的效果，如图 4-23 所示。

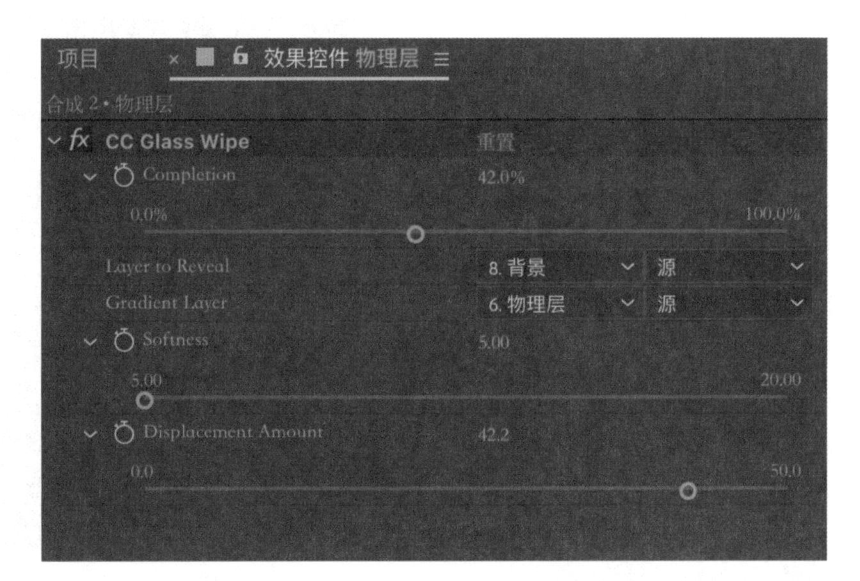

图 4-23　CC Glass Wipe 效果控制版面

（5）发光的使用方法和特点。

发光是一种常用的特效，用于使图层或物体周围产生发光的视觉效果。以下是发光效果的一些主要特征。

① 发光颜色：可选择发光的颜色，点击颜色选择器选择所需的颜色。

② 发光强度：效果的强度参数控制发光效果的亮度程度，增加强度将增强发光效果。

③ 发光半径：定义发光效果的扩散范围，较大的范围值会使发光更加扩散。

④ 发光阈值：阈值设置得越低，越多的区域将被认为足够亮以产生发光效果。相反，如果阈值设置得较高，只有较亮的区域才会显示发光效果。

⑤ 混合模式：支持各种混合模式，可以影响发光效果与底层图层的交互，如可以选择添加、正片叠底等混合模式。

⑥ 动画参数：各个参数可以使用关键帧进行动画制作，通过在时间轴上设置关键帧，可以创建发光效果随时间变化的动画。

⑦ 辉光和模糊：可以与其他效果结合使用，例如辉光效果或模糊效果，以创造更为复杂和独特的视觉效果。

（6）置换图的使用方法和特点。

通过灰度图或其他图层的亮度值来扭曲或变形另一图层。这种效果可以用来模拟折射、水波纹、扭曲等视觉效果。以下是置换图效果的特点和用法。

① 图层间互动：置换图效果通常需要两个图层，一个用作源图层，另一个用作置换图。这两个图层的亮度关系将决定置换效果的强度和方向，如图 4-24 所示。

② 灵活的扭曲效果：通过调整灰度图的亮度，配合【最大水平置换】和【最大垂直置换】的参数，实现不同程度的图层扭曲。较亮的区域将导致更大程度的扭曲，而较暗的区域则会保持相对稳定。

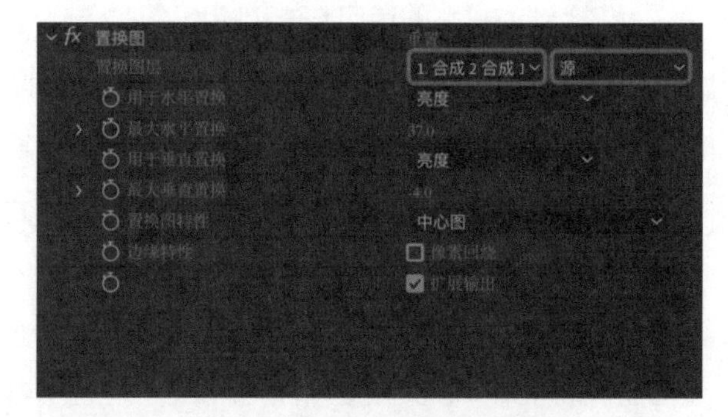

图 4-24　置换图效果控制面板

③ 折射和波纹效果：经常用于创建逼真的折射效果，模拟介质中光线的扭曲。它还可以用于模拟水波纹和其他扭曲效果，增加场景的真实感。

3. 实训案例：水波纹扩散特效

（1）搭建水波纹基本型。

步骤一：按 Ctrl+N 新建“合成 1”，合成界面统一设置为 1920px×1080px，25 帧 / 秒。

步骤二：按 Ctrl+Y 新建纯色层，命名为“基本型”。

步骤三：搜索栏【效果和预设】搜索【分形杂色】，并将分形杂色效果添置“基本型”图层。在【分形杂色】版面中调节【亮度】和【对比度】，参考参数如图 4-25 所示。

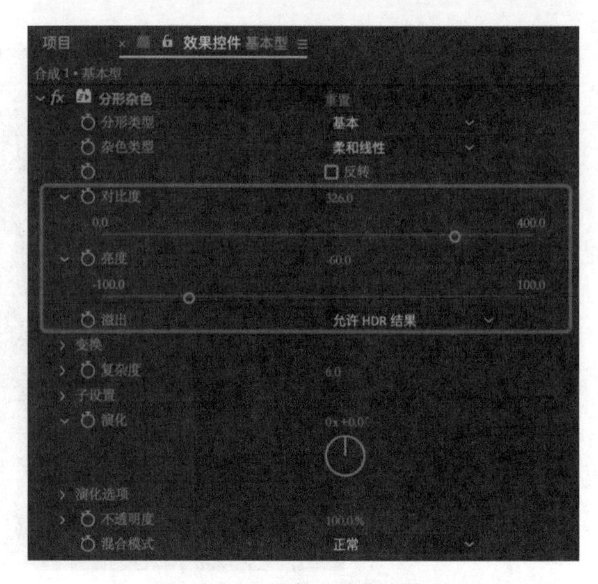

图 4-25　调整分形杂色参数

点开【变换】下拉菜单，解锁【统一缩放】，解锁后调整【缩放宽度】和【缩放高度】，参数自拟，使得画面如拉丝状，如图 4-26 所示。按住 Alt 键，点击码表打开【偏移（湍流）】表达式栏，输入表达式 [960，540+time*100]，使得杂色纹理向下循环偏移。

步骤四：搜索栏【效果和预设】搜索【偏移】，并将分形杂色的效果添置“基本型”图层，调整【偏移】的【将中心点转换为】，将分形杂色的边界线偏移至画面中心。

步骤五：新建“调整图层 1”，搜索栏【效果和预设】搜索【动态拼贴】，并将【动态拼贴】添置“调整图层 1”。选择【矩形工具】，框选画面中心的分形杂色画面边界线。调整蒙版羽化效果，羽化数值设定为“255.0，255.0 像素”，如图 4-27 所示。

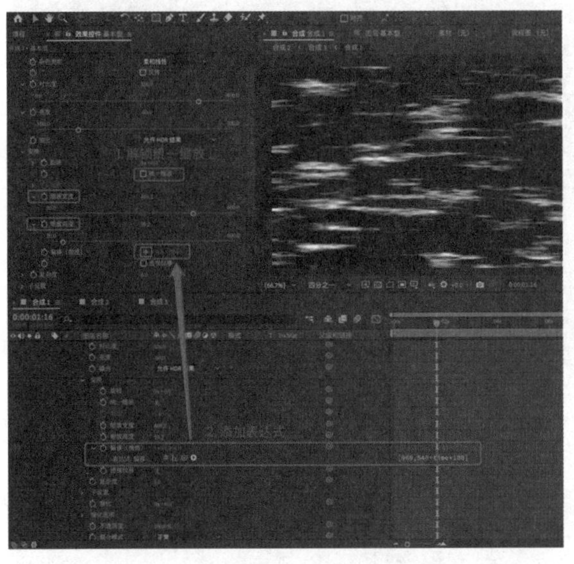

图 4-26　解锁【统一缩放】和添加表达式

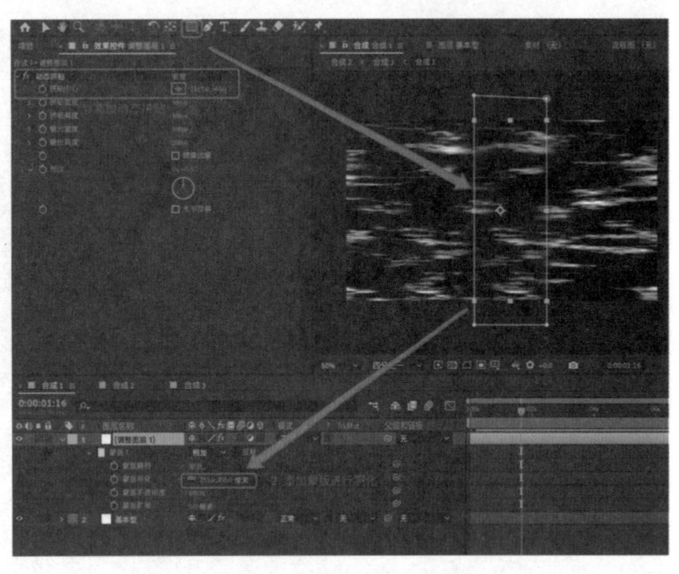

图 4-27　动态拼贴使用方法

至此，我们完成了本案例的核心基础制作部分，接下来把“基本型”图层转换成水波纹圆形基本型。

步骤六：按 Ctrl+N 新建合成，设置为 1920px×1080px，25 帧 / 秒，命名为“Base”。将“合成 1”拖入“Base”合成，继续编辑，如图 4-28 所示。

步骤七：给“合成 1”图层添加极坐标效果，将【极坐标】的【转换类型】改成【矩形到极线】，如图 4-29 所示。

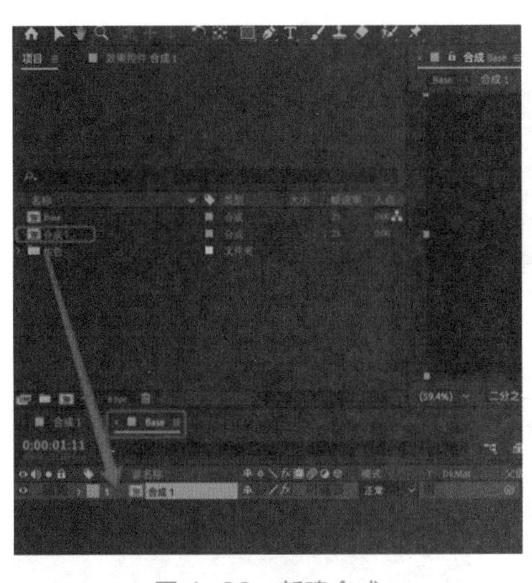

图 4-28　新建合成

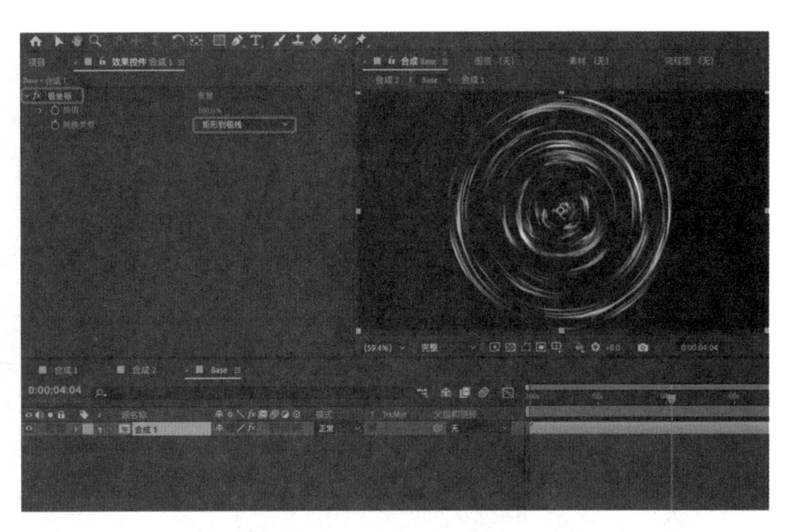

图 4-29　添加极坐标效果

步骤八：在效果控制面板上按 Ctrl+D 复制一层【极坐标 2】，并将其【转换类型】改成【极线到矩形】；其后继续按 Ctrl+D 复制一层【极坐标 3】，再次将【极坐标】的【转换类型】改成【矩形到极线】。此时，水波纹基本形的大小恰好与画面相符合，如图 4-30 所示。

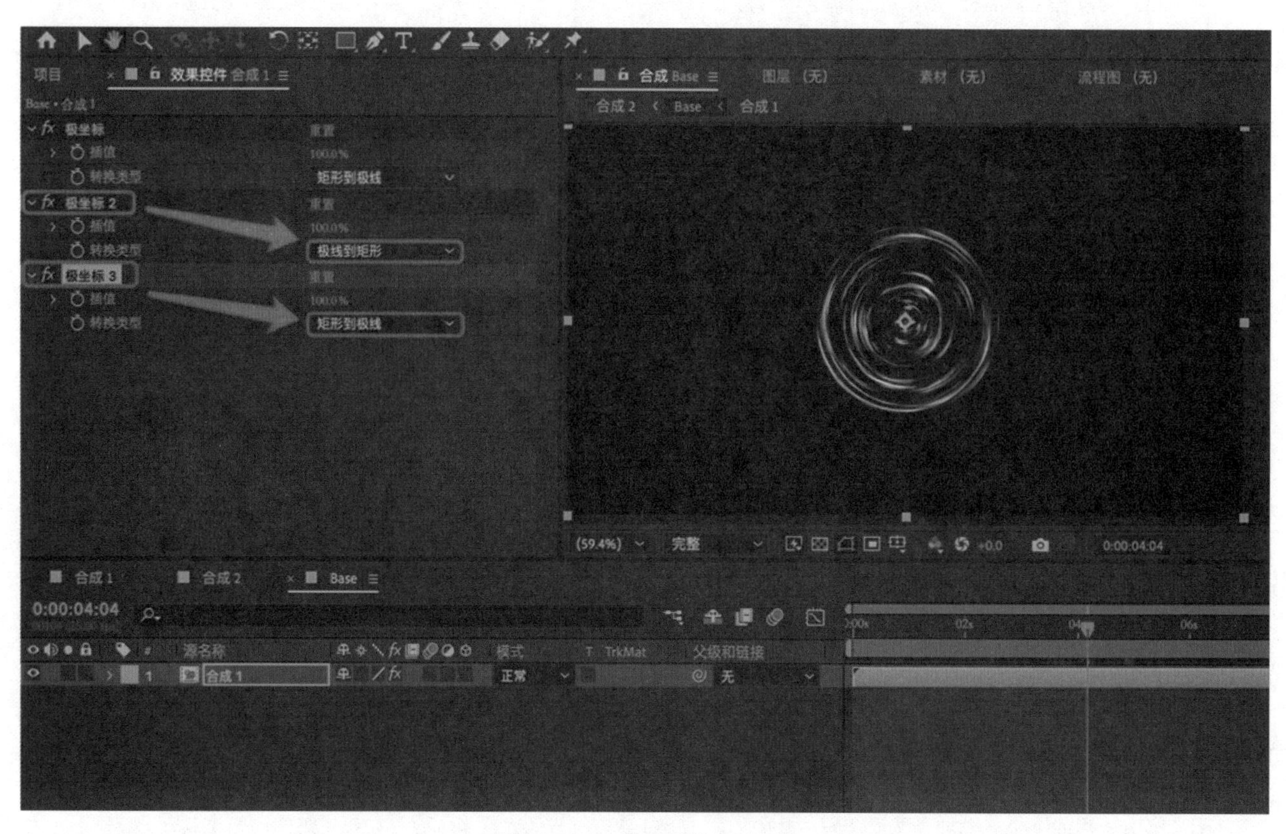

图 4-30　极坐标使用技巧

（2）发光、扭曲、置换、折射、反射等物理效果设置。

步骤一：按 Ctrl+N 新建合成，设置为 1920px × 1080px，25 帧 / 秒，命名为“最终合成”。把“Base”合成拖入“最终合成”进行编辑制作，如图 4-31 所示。

步骤二：对 Base 图层添加高斯模糊效果，设置【模糊度】为 35~40，继续添加曲线效果，调整曲线如图 4-32 所示，完成效果的外部设置。

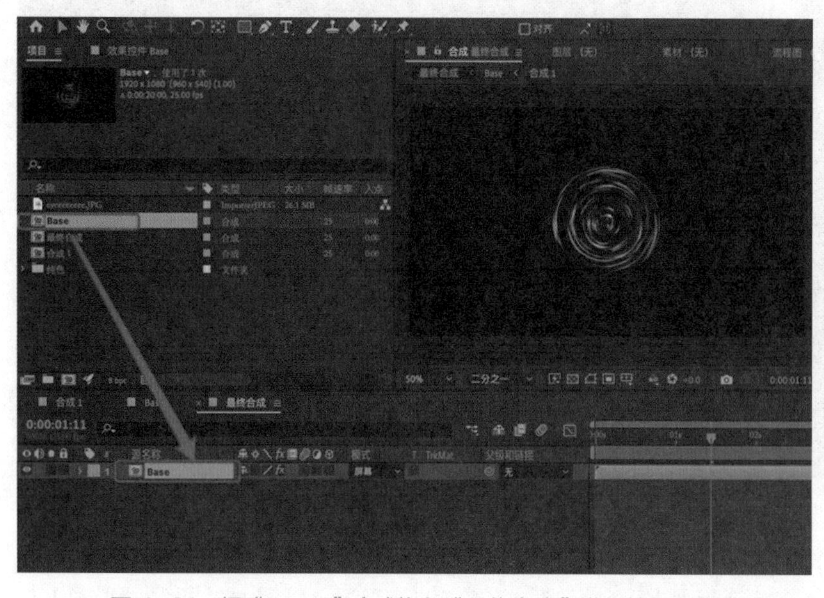

图 4-31　把“Base”合成拖入“最终合成”进行编辑制作

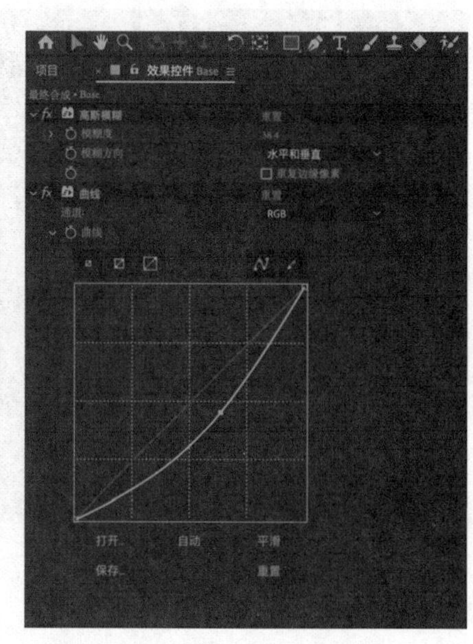

图 4-32　通过曲线调整光效

步骤三：按 Ctrl+D 复制一层 Base 图层，命名为“物理层”，给物理层添加 CC Glass Wipe 效果，调整【CC Glass Wipe】列表下的【Completion】数值为 42.0%，在【Laye to Reveal】设置中选择所需映射的图层（映射图层可根据个人审美自主选择）。此案例选择了一幅风景背景作为映射，【Softness】设置为 5.00，【Displacement Amount】设置为 42.2，如图 4-33 所示。

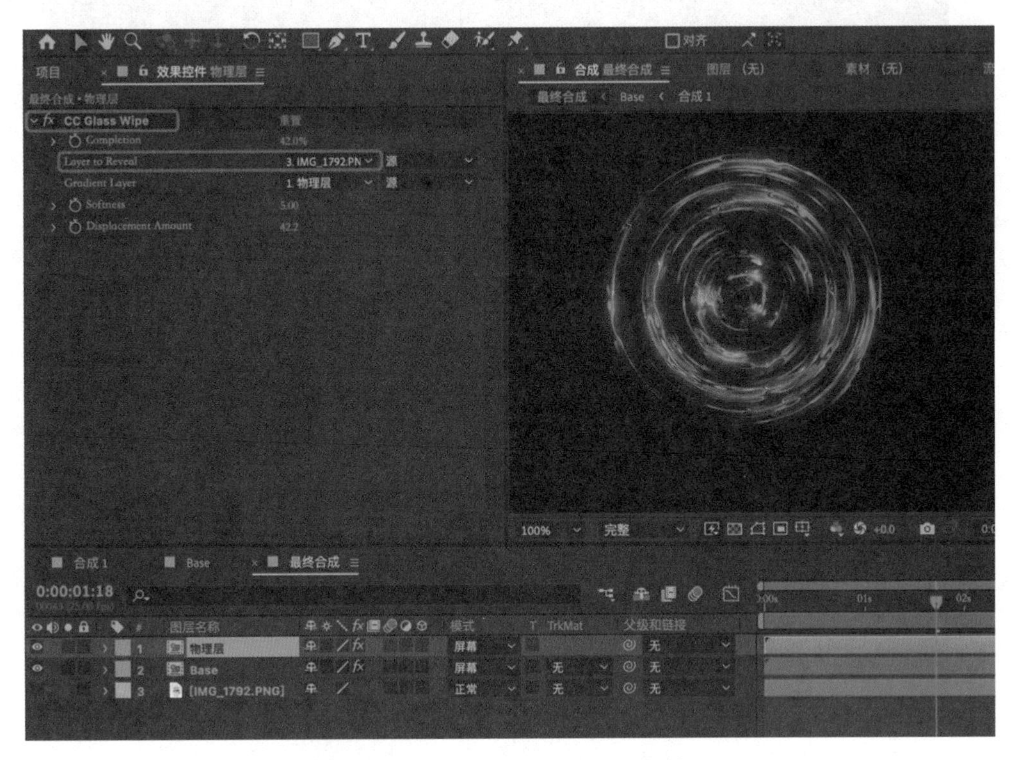

图 4-33　CC Glass Wipe 使用技巧

步骤四：按 Ctrl+D 复制一层物理层，命名为“大高光”，给大高光图层添加填充效果，把列表的【颜色】改成纯黑。此步骤完成了对水波纹的大高光视效的制作，如图 4-34 所示。

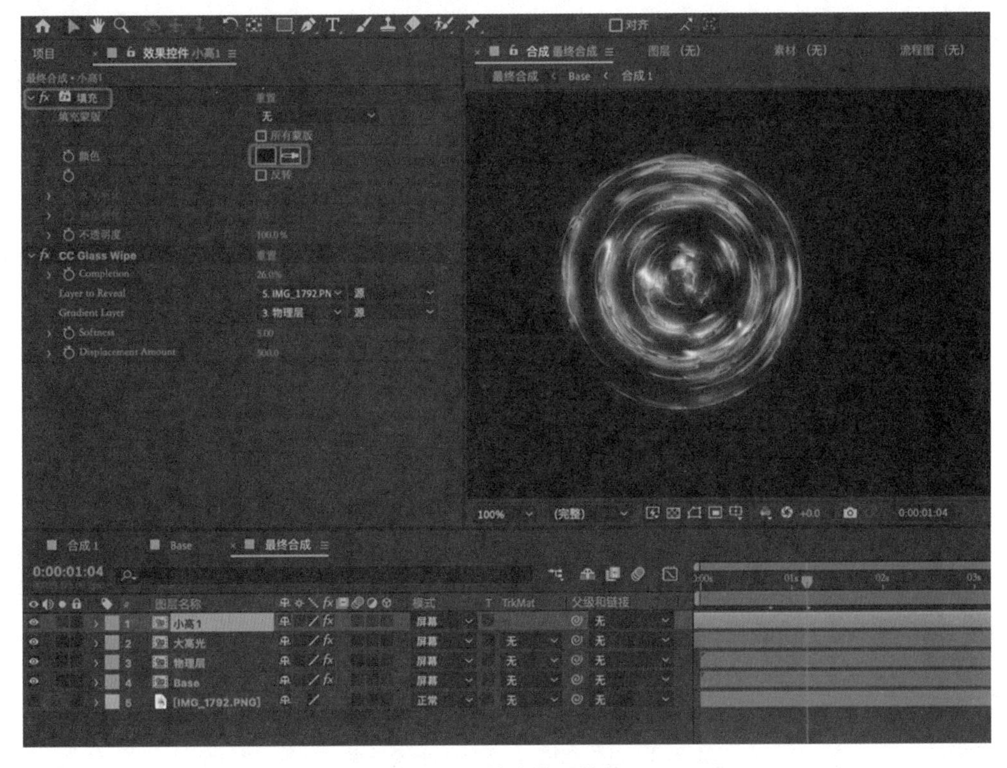

图 4-34　填充效果的使用

步骤五：按 Ctrl+D 复制一层“大高光”，命名为“小高 1”，将小高 1 控制面板下的【CC Glass Wipe】选项中的【Completion】数值设置为 26.0%，【Softness】设置为 5.00，【Displacement Amount】设置为 500，如图 4-35 所示。

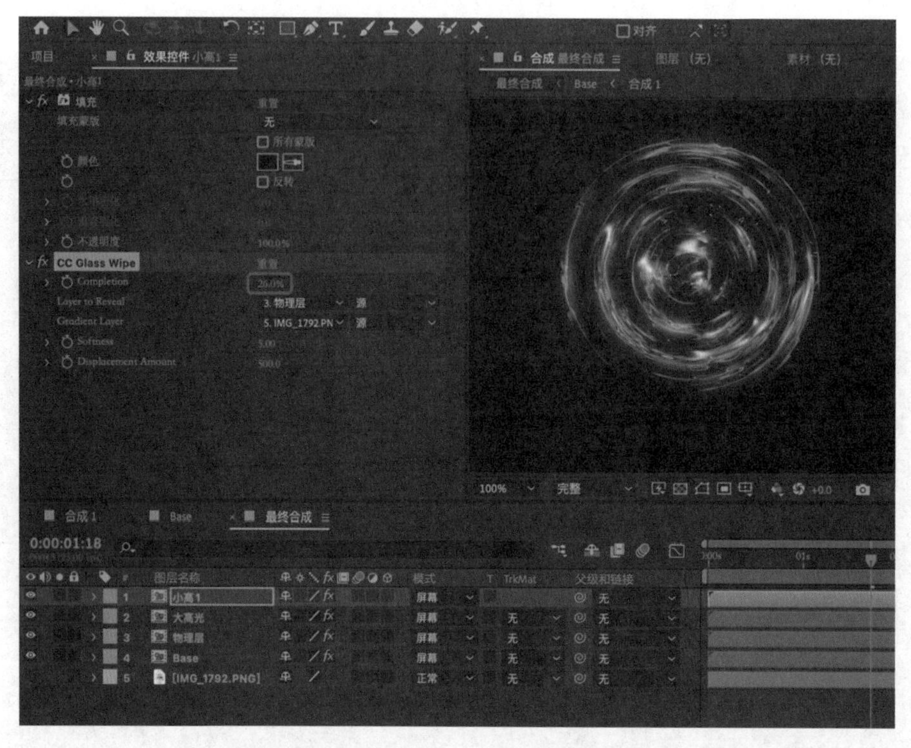

图 4-35　CC Glass Wipe 参数调节（1）

步骤六：按 Ctrl+D 复制一层“小高 1”，命名为“小高 2”，将小高 2 控制面板下的【CC Glass Wipe】选项中的【Completion】数值设置为 72.0%，【Softness】设置为 15.10，【Displacement Amount】设置为 500，如图 4-36 所示。

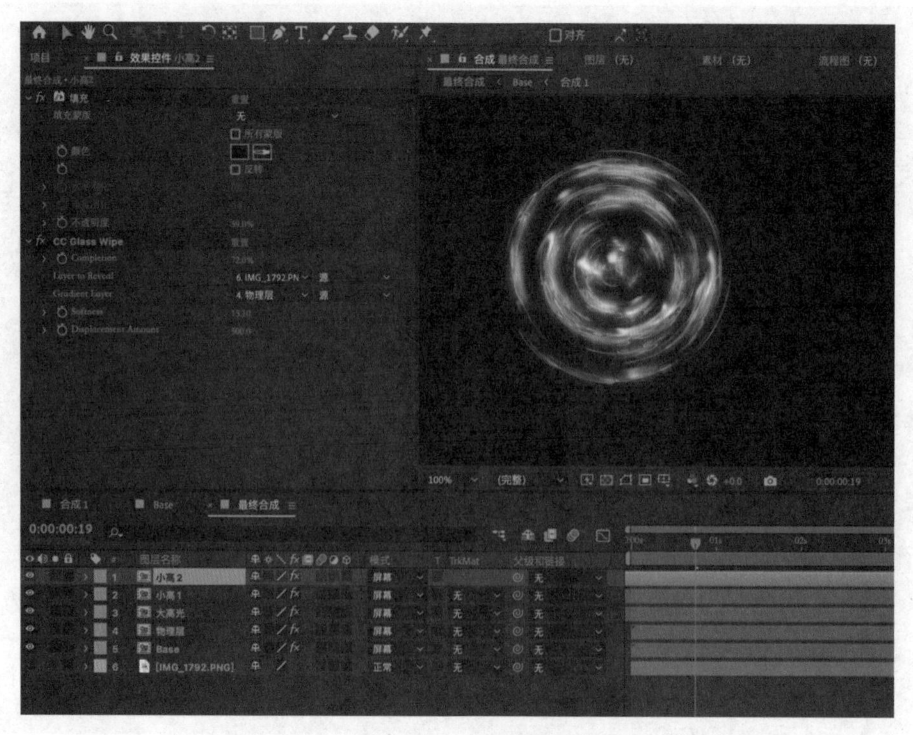

图 4-36　CC Glass Wipe 参数调节（2）

（3）调整水波纹的色彩变化。

步骤一：按 Ctrl+Alt+Y 新建“调整图层 2”。

步骤二：给调整图层 2 添加曲线效果，对水波纹的反差进行微调，如图 4-37 所示。

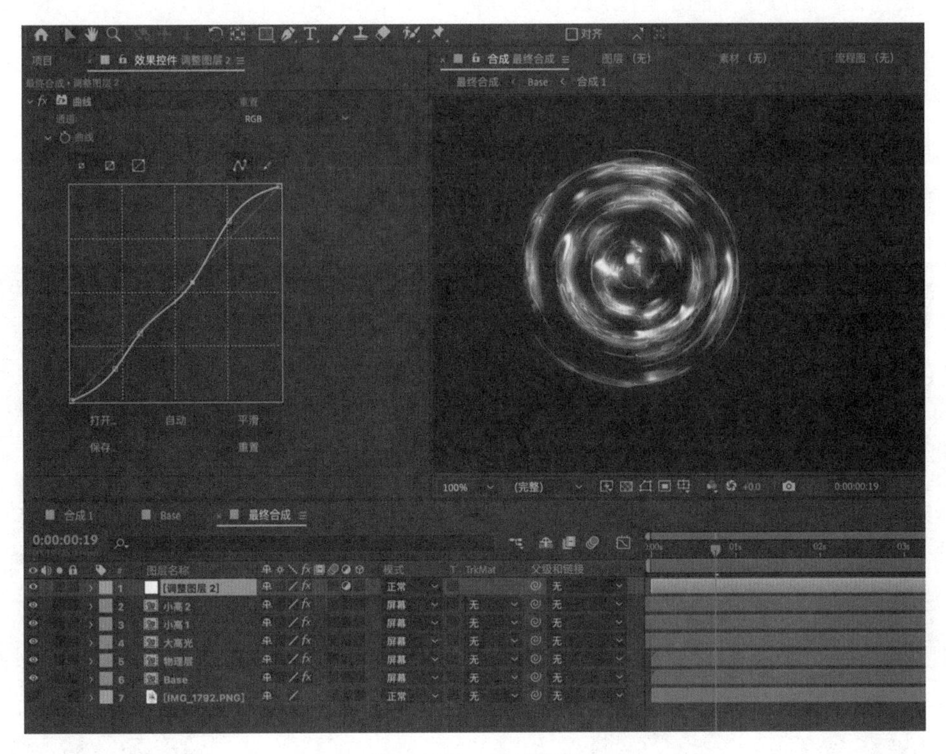

图 4-37　曲线微调

步骤三：给调整图层 2 添加发光效果，调整【发光】中的【发光阈值】、【发光半径】、【发光颜色】以及【A 和 B 中点】参数，在【颜色 A】【颜色 B】的色彩设置中，根据个人理解设置水波纹相应的色彩过渡（从 A 到 B 过渡），具体参数设置如图 4-38 所示。

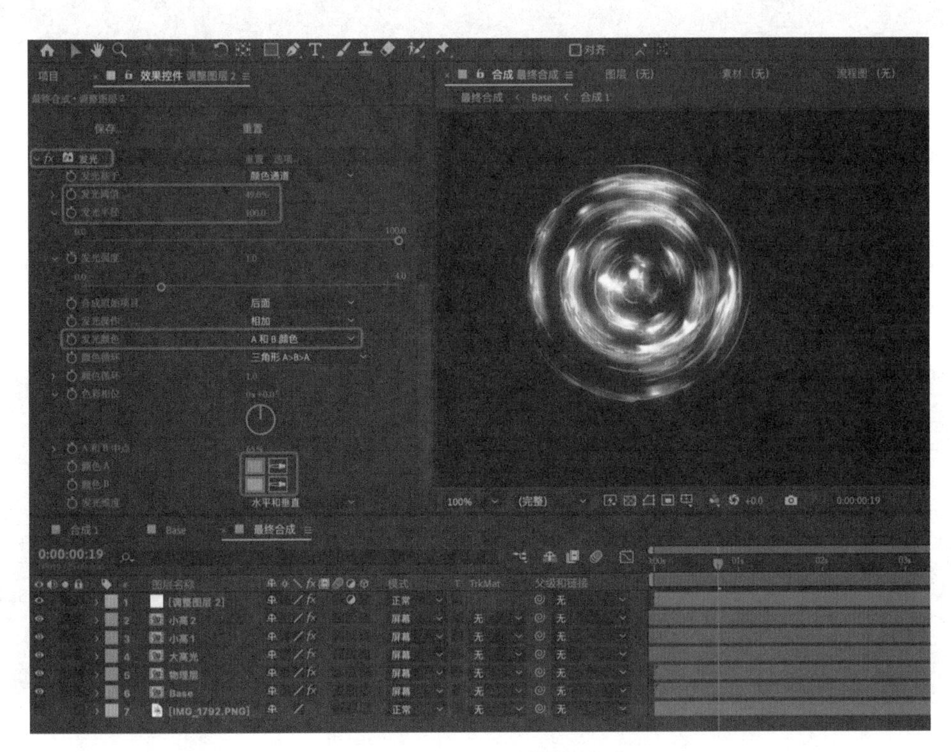

图 4-38　发光的使用技巧

步骤四：微调各个高光图层的坐标位置，使得大高光、小高 1、小高 2 图层直接产生微小的错位，增加画面层次感。

（4）水波纹与背景合成。

步骤一：全选【最终合成】中的所有图层，按快捷键 Ctrl+Shif+C 进行合成，命名为“水波纹映射”。

步骤二：导入一张小石头河床的素材，给素材添加曲线效果，调整曲线使得画面对比度适当加强，暗部压低至均衡，调整完毕后，选中“河床”，按快捷键 Ctrl+Shift+C，连同曲线效果一起合并。

步骤三：调整“水波纹映射”的大小比例，使其与“河床合成”的画面大小匹配，如图 4-39 所示。调整完毕后进一步单独合成“水波纹映射”，命名为“水波纹映射　合成”。

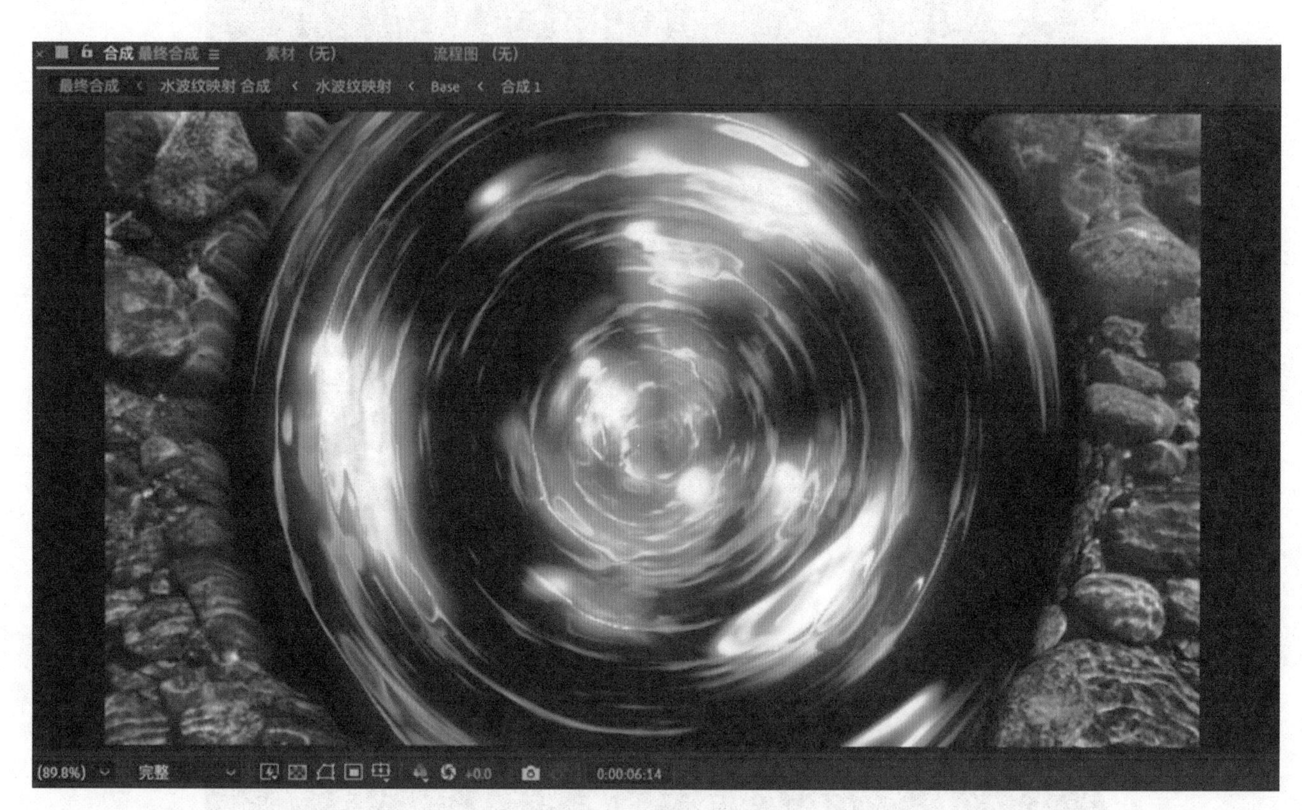

图 4-39　大小调整

步骤四：对“河床合成”添加置换图效果，【置换图层】改为“水波纹映射　合成”，如图 4-40 所示，这样就完成了从环境图层获取映射效果的初步设置。

步骤五：关掉“水波纹映射　合成”图层的眼睛，此时画面出现隐约的扭曲，我们继续调整【置换图】中的【最大水平置换】和【最大垂直置换】数值均为 45.0，如图 4-41 所示。

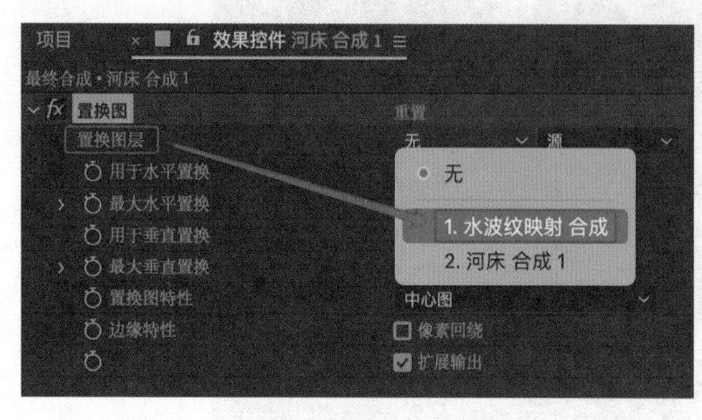

图 4-40　【置换图】参数设置（1）

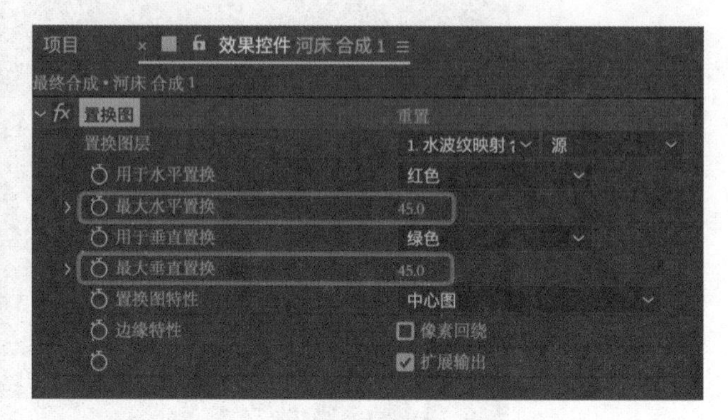

图 4-41　【置换图】参数设置（2）

步骤六：此时我们发现画面多次出现因扭曲产生的黑色区域，为了弥补这种区域，我们勾选【像素回绕】去除黑边，完成制作，如图 4-42 所示。修补黑边后对比图如图 4-43 所示。

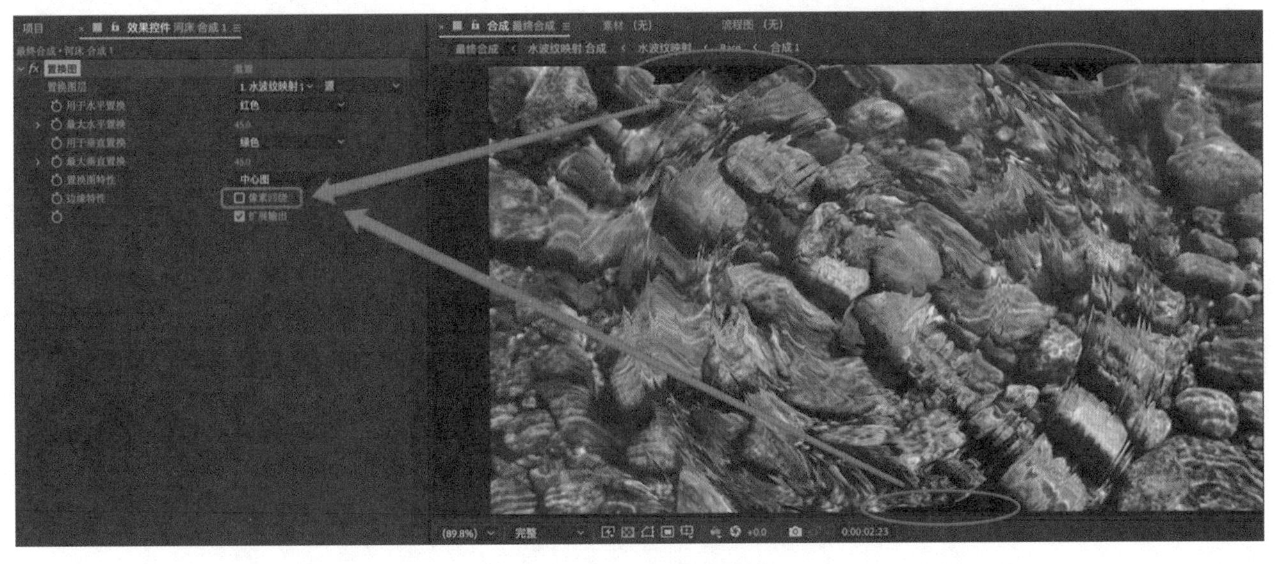

图 4-42　修补边缘区域

图 4-43　修补黑边后对比图

三、学习任务小结

本次任务学习了水波纹特效的制作思路，以及相关常用效果的设置技巧，通过案例制作练习，同学们已经初步掌握了紊乱、扰流类特效的制作方法，并能在教师引导的制作思路上进行效果叠加拓展。在影视特效中，分形杂色是紊乱、扰流类特效的核心效果，变化多样，形式灵活，兼容性极强，能制作出许多绚丽的效果，后期还需要同学们多加练习，巩固操作技能。

四、课后作业

每位同学根据教师所罗列的制作思路，使用分形杂色效果，制作不同形状的水波纹特效。

拓展任务　云层特效

拓展任务　3D 文字片头

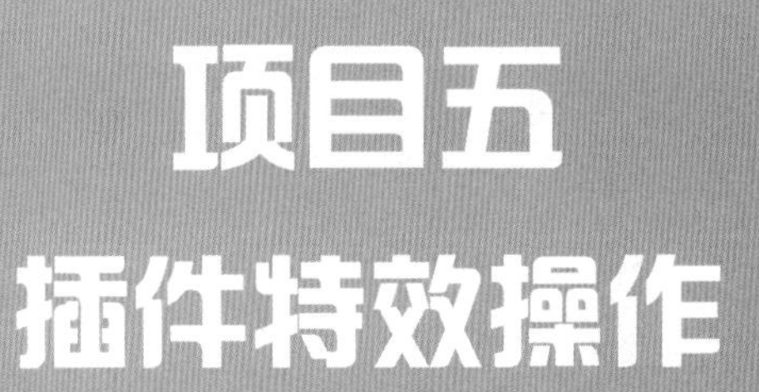

项目五

插件特效操作

学习任务一　Particular（粒子）滤镜

学习任务二　Shine(光)滤镜

学习任务三　3D Stroke（3D 描边）滤镜

Particular（粒子）滤镜

教学目标

（1）专业能力：掌握 Particular 插件应用知识及技巧。

（2）社会能力：能灵活运用 Particular 插件进行作品制作。

（3）方法能力：信息和资料的搜集能力、案例分析能力。

学习目标

（1）知识目标：掌握 Particular 插件的应用、参数设置的方法和技巧。

（2）技能目标：能运用 Particular 插件进行下雨特效制作。

（3）素质目标：能够清晰表达自己设计的过程和思路，具备较好的语言表达能力。

教学建议

1. 教师活动

（1）教师展示课前收集的 Particular 插件设计制作的 aep 源文件素材，带领学生分析素材文件中添加 Particular 插件制作效果前后的变化。

（2）教师示范 Particular 插件的操作方法，并引导学生分析其制作方法及过程，并应用到自己的练习作品中。

2. 学生活动

观看教师示范 Particular 插件的应用、参数设置的方法，进行课堂练习。

一、学习问题导入

各位同学，大家好！本次课我们一起来学习 RG Trapcode 粒子插件组中 Particular 插件的应用、各参数的含义及使用技巧等。

二、学习任务讲解

1. Particular 插件的运用

Particular 是 RG Trapcode 插件组中创建粒子特效一款强大的插件，它是一个真正意义上的三维粒子系统，支持摄影机镜头及灯光，使用 Particular 粒子插件可以制作绚丽的烟花、逼真的烟雾、自然雨雪等效果。在菜单栏中执行【效果】|【RG Trapcode】|【Particular】命令即可应用到图层上，如图 5-1 所示。

2. Particular 各参数的含义

使用 Particular 插件时，使用特效预设可以在短时间内创建出惊人的视觉效果，也可以其面板进行参数设置，直至调整成想要的效果，其中参数主要包括预设、发射器、粒子、物理学、辅助系统等，如图 5-2 所示。

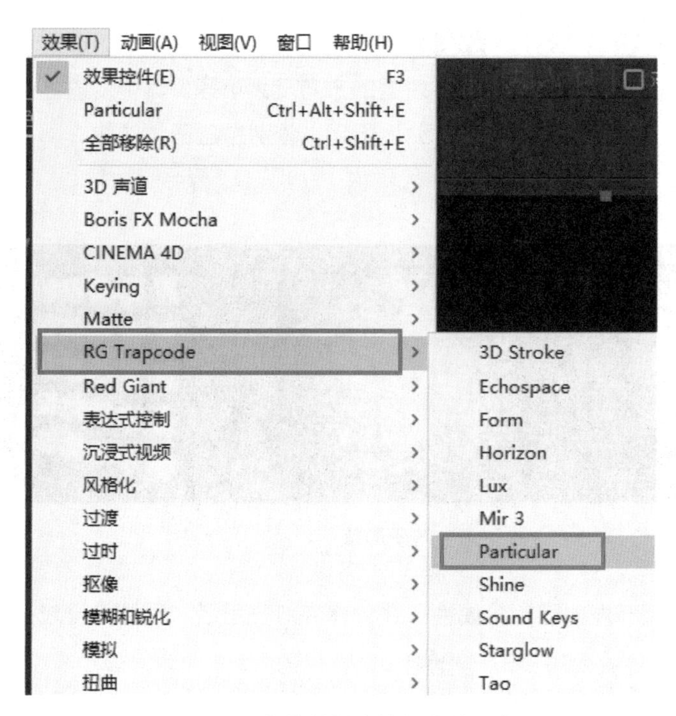

图 5-1 在菜单栏中执行【效果】

图 5-2 Particular 参数设置

3. Particular 插件的使用技巧

（1）预设。

该插件提供了相当丰富的粒子特效预设，应用各种预设效果，如图 5-3 所示。当然，我们还可以对预设的效果参数进行调节，比如粒子数量、颜色及物理特性等，即可调出自己想要的效果。

（2）发射器。

【发射器】主要用于产生粒子，设置不同参数即可改变发射器属性。【发射行为】可分为连续（连续不断

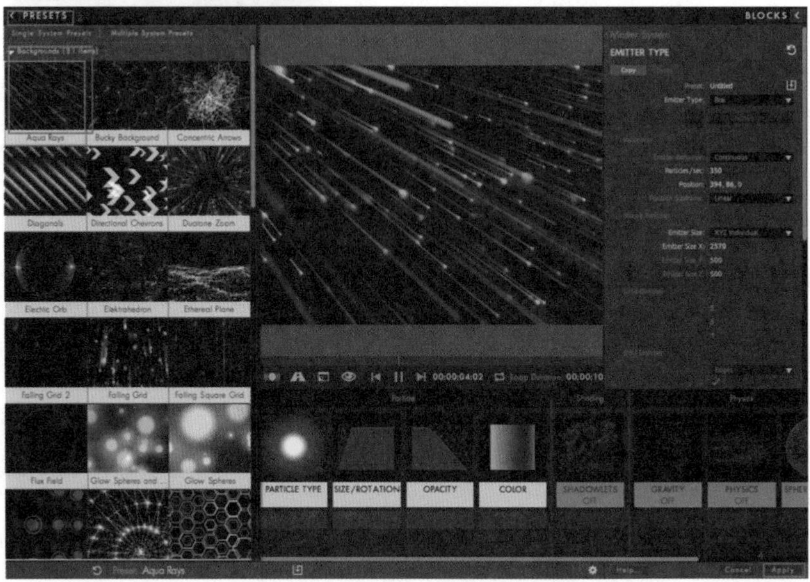

图 5-3 Particular 参数设置

产生粒子）、爆炸（只发射一次粒子，后续没有粒子继续产生）。粒子/秒控制每秒产生的粒子数量，设定粒子的发射器类型、粒子的位置、粒子的运动方向、粒子发散程度、粒子发射器的方向及大小等。其中发射器类型较多，如图 5-4 所示。根据发射器的不同，粒子的形状也不同，如图 5-5 所示，分别是盒子、球体、网格发射产生粒子形成的形状。

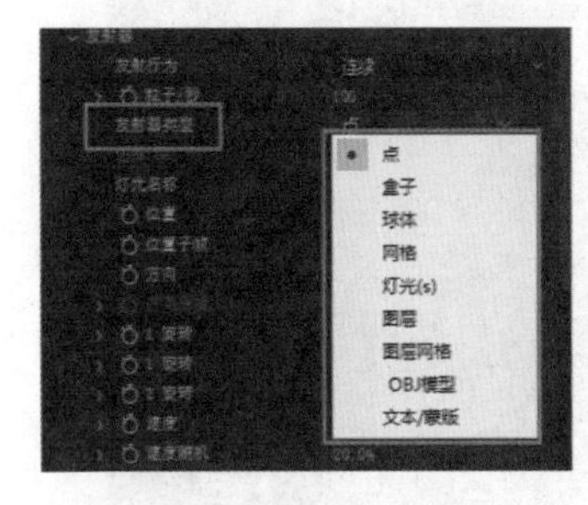

图 5-4 发射器类型

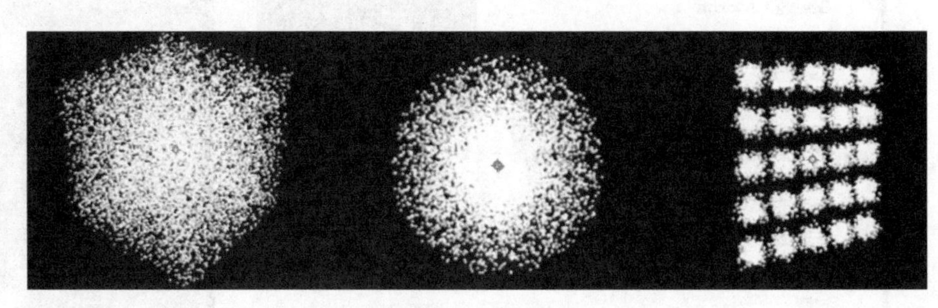

图 5-5 粒子形状

①【灯光】：粒子发射源为灯光，灯光属性可调节发射器部分属性，在创建完灯光层后，需绑定至粒子发射器类型处。

②【图层】：图层图案发射，发射源受图层 Alpha 影响（图层必须为三维层）。

③【图层网格】：层网格发射，层为网格的一个面，其他与图层一致。

④【OBJ 模型】：以三维模型为发射源，形成的粒子形状可以是三维模型的形状。

⑤【文本 / 蒙版】：以文字 / 蒙版形状为发射源。

（3）粒子。

【粒子】主要用于设定粒子的所有外在属性，包括粒子的生命周期、粒子类型、粒子大小与颜色等，其中粒子类型是常用选项，如图 5-6 所示。选择粒子的类型不同，产生粒子的形状也不同，如图 5-7 所示。【粒子类型】中的精灵、条纹等类型需要绑定其他自定义的图层才可达到效果。

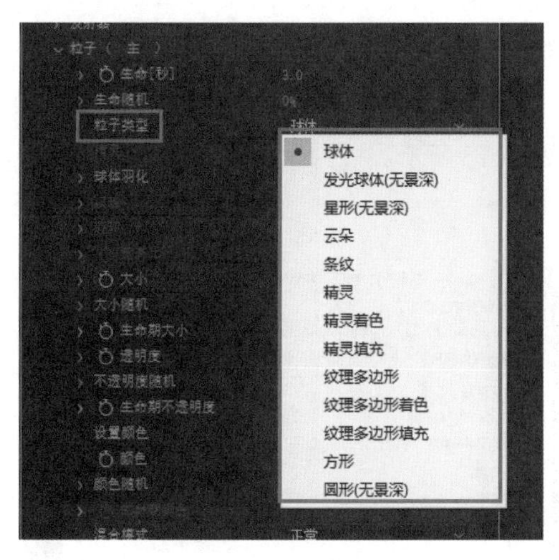

图 5-6 粒子类型

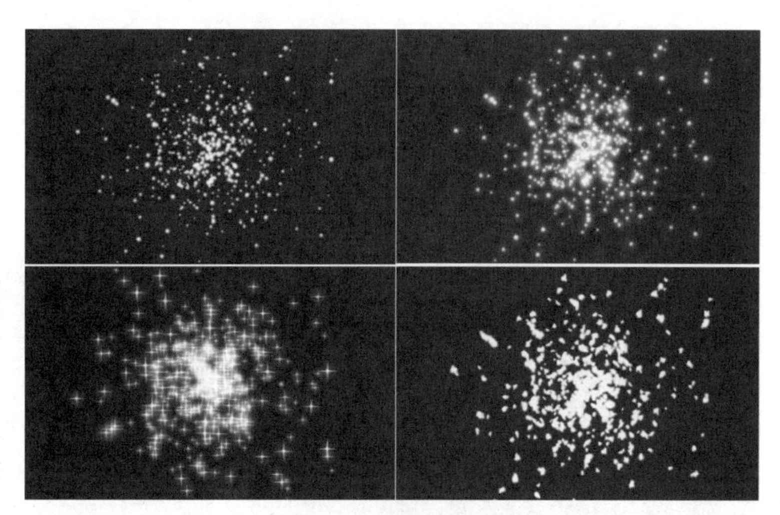

图 5-7 粒子效果

（4）物理学。

【物理学】主要用于控制粒子产生以后的物理运动属性。其中物理学模式包含三种，分别可模拟粒子通过空气、反弹和流体的运动属性，在详细参数中，均有对应的选项，如图 5-8 所示。

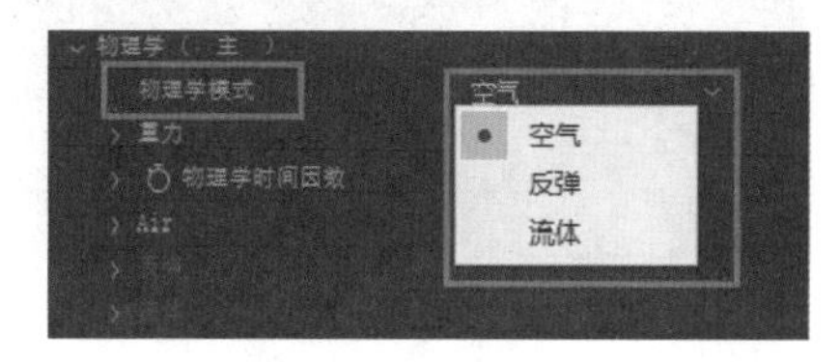

图 5-8 物理学模式

（5）辅助系统。

【辅助系统】是指主粒子可以发射子粒子，即粒子二次发射。【发射】可分成反弹事件（一次发射子粒子）或继续（持续不断发射子粒子），制作爆炸、火焰等自然现象效果时经常使用，具体参数设置与主粒子参数类似，如图 5-9 所示。

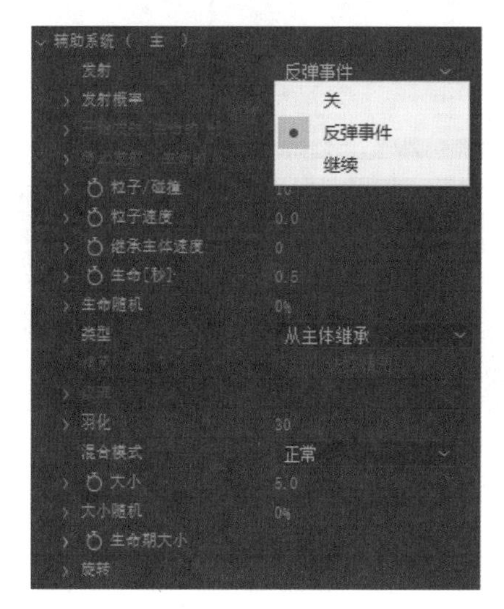

图 5-9 辅助系统

4. 实训案例：雨中美景特效片头制作

步骤一：选择【文件】|【导入】|【文件】命令，弹出【导入文件】对话框，选择【纪录片片头】，单击【导入】按钮，将素材文件导入【项目】窗口，如图 5-10 所示。

步骤二：选择【合成】|【新建合成】命令，弹出【合成设置】对话框，如图 5-11 所示，将其命名为【雨中美景片头】，设置其大小比例为 1280px × 720px，【持续时间】为 10 秒。

图 5-10 步骤一

步骤三：选中【校园】素材，将其拖入【时间轴】面板内，准备编辑。

步骤四：在【时间轴】面板中，单击鼠标右键，新建纯色图层，将纯色图层置于第1层，如图5-12所示。

步骤五：选中【纯色层】，为其添加 Particular 效果，结果如图5-13所示。

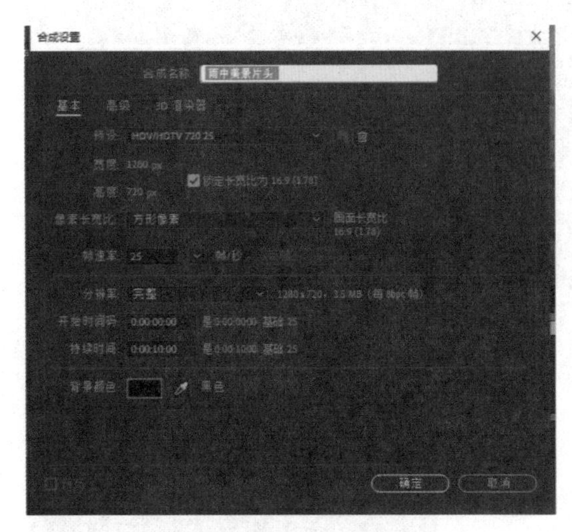

图5-11 步骤二

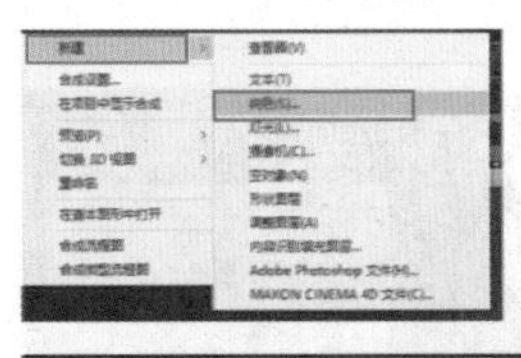

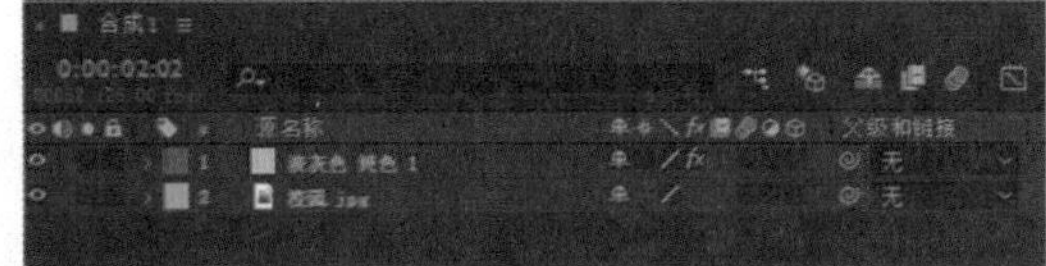

图5-12 步骤四

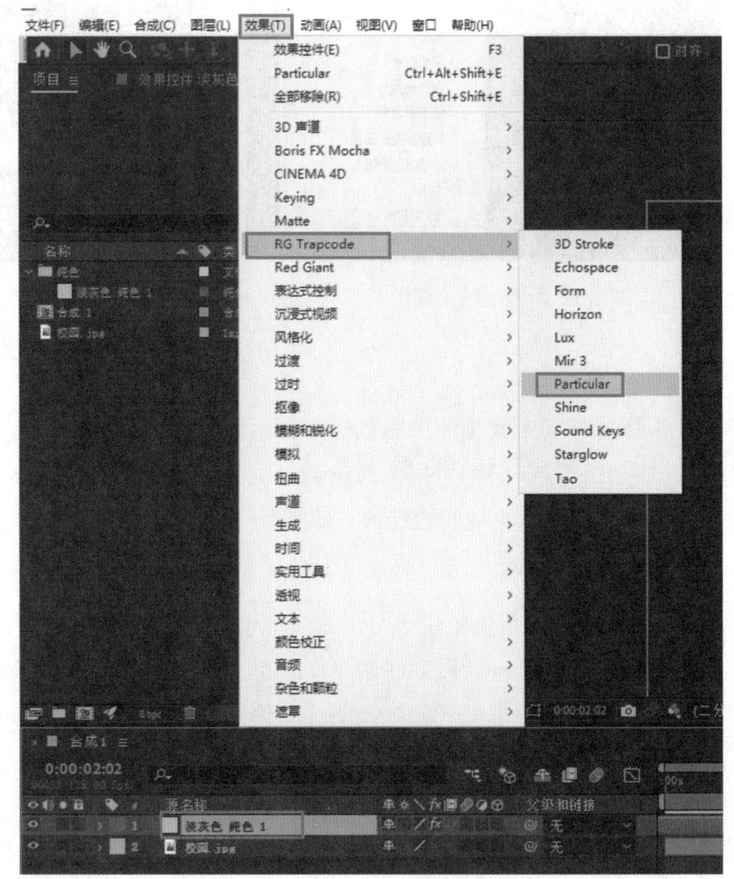

图5-13 步骤五

步骤六：在【效果控件】面板中，选择【发射器】下拉菜单，将发射数量增至1600粒子/秒，发射行为改为【连续】，【位置】中的 *Y* 方向位置上移至画面外部，将发射器类型改为【盒子】，发射器大小选择【XYZ 独立】，将发射器大小的 *X*、*Y* 方向调大，覆盖整个画面。参数设置如图5-14所示。

步骤七：在【粒子】面板下拉菜单中，【生命】时间长度改为10秒，确保雨的周期一直可以覆盖画面时间长度，【粒子类型】为球体，【大小】为2.5，其他选择默认即可，参数设置如图5-15所示。

步骤八：【物理学】面板中，将重力值加大，粒子会统一朝地面方向发射，参数设置如图5-16所示。

步骤九：在【渲染】面板中设置【运动模糊】为开，将【快门角度】改为200，参数设置如图5-17所示。

步骤十：在【时间轴】面板上，将时间指示器移动到1秒处，查看具体雨景效果，将纯色图层向前拖动1秒，确保画面一开始就有下雨效果，将纯色素材拖曳至合成结束，确保雨一直在下。

步骤十一：将时间指示器移动到2秒处，选择第2层校园素材，选择【变换】|【缩放】，单击码表按钮设置第一个关键帧，参数设置如图5-18所示。

步骤十二：确定时间指示器移动到8秒处，【缩放】输入数值为85%，此时会自动添加一个关键帧，完成校园动画制作，至此雨中美景特效片头制作完成，如图5-19所示。

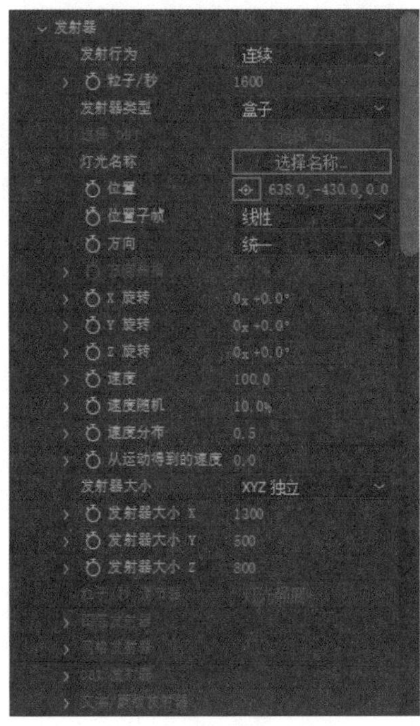

图 5-14 步骤六

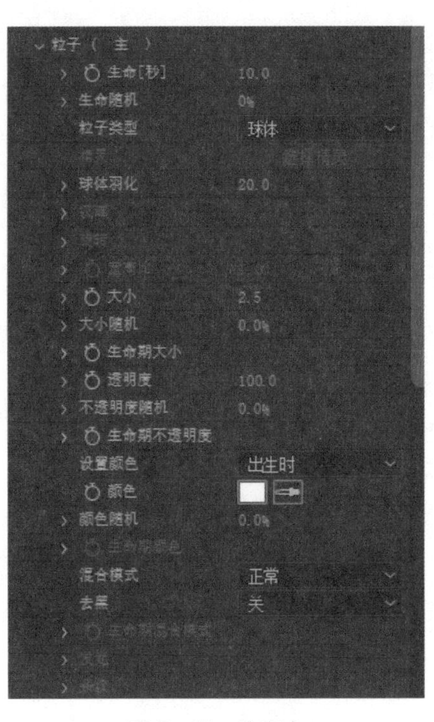

图 5-15 步骤七

图 5-16 步骤八

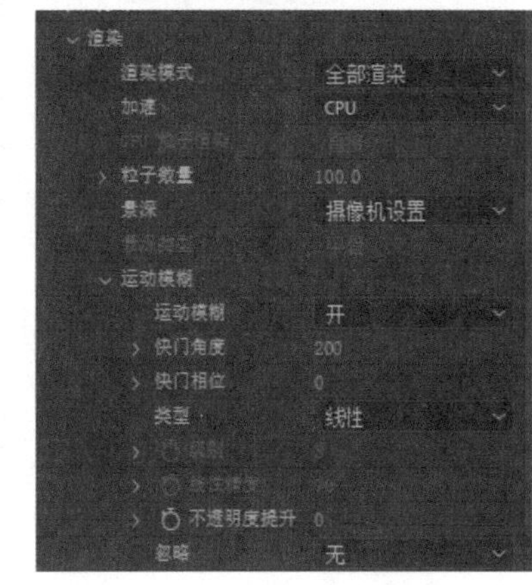

图 5-17 步骤九

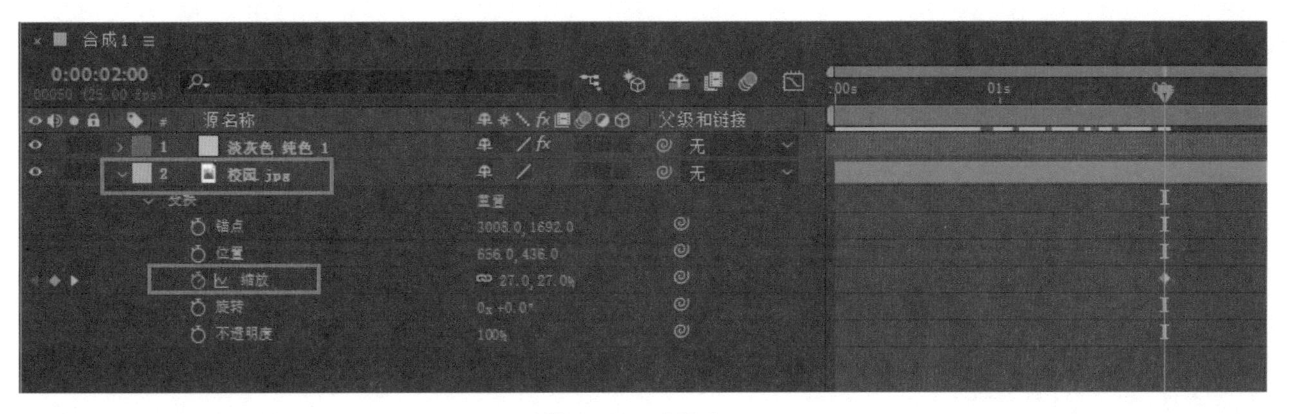

图 5-18 步骤十一

图 5-19 步骤十二

步骤十三：选择【文件】|【保存】命令，保存文件。

步骤十四：在【预览】窗口中单击▶按钮，进行项目预览。预览完成后，选择【合成】|【添加到渲染队列】命令，渲染输出。

三、学习任务小结

本次任务学习了 Particular 插件的应用和参数设置的方法和步骤，通过案例制作练习，同学们已经初步掌握了 Particular 插件的使用技巧。在后期制作、影视特效和图像处理中，Particular 插件能快速制作许多绚丽的效果，后期还需要同学们多加练习，通过练习巩固操作技能。

四、课后作业

每位同学使用 Particular 插件完成雪花飘飘的场景动画制作，分别应用 Particular 插件中的【发射器】、【粒子】、【物理学】和【渲染】等面板进行练习巩固。

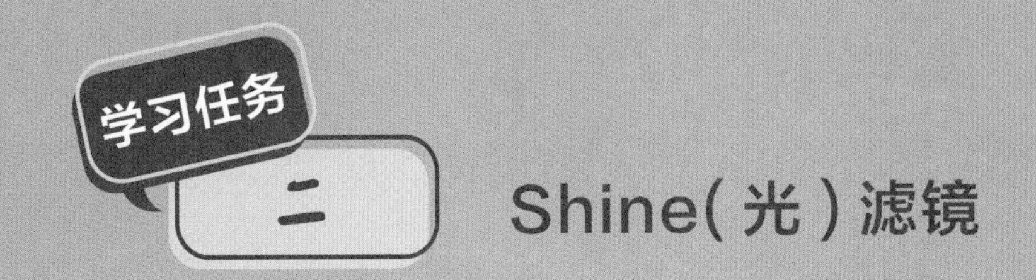

Shine(光)滤镜

教学目标

（1）专业能力：掌握 Shine 插件的基本应用知识及技巧。

（2）社会能力：能灵活运用 Shine 插件进行光效的绘制。

（3）方法能力：信息和资料的搜集能力、案例分析能力。

学习目标

（1）知识目标：掌握 Shine 插件的运用、参数设置的方法和技巧。

（2）技能目标：能运用 Shine 插件、文字工具、路径绘制进行炫酷的霓虹涂鸦特效制作。

（3）素质目标：能够清晰表达自己设计的过程和思路，具备较好的语言表达能力。

教学建议

1. 教师活动

（1）教师展示课前收集的 Shine 插件设计制作的 aep 源文件素材，带领学生分析素材文件中添加 Shine 插件制作效果前后的变化。

（2）教师示范 Shine 插件、文字工具、路径绘制的操作方法，引导学生分析其制作方法及过程，并应用到自己的练习作品中。

2. 学生活动

观看教师示范 Shine 插件的应用、参数设置的方法，进行课堂练习。

一、学习问题导入

各位同学，大家好！本次课我们一起来学习 RG Trapcode 插件组中 Shine 插件的运用、各参数含义及使用技巧。

二、学习任务讲解

1. Shine 插件的运用

Shine 插件是 RG Trapcode 插件组中的一个快速光效的插件，强大的灯光控制面板非常容易自定义灯光效果，它虽是二维光效，但可以模拟三维体积光，经常用于制作文字标识、图像发光，在后期制作中非常实用。Shine 插件光效强弱根据图层中的颜色明暗决定，如果图像颜色为黑色，则不能正常显示光效。在菜单栏中执行【效果】|【RG Trapcode】|【Shine】命令即可应用到图层上，如图 5-20 所示。

2. Shine 各参数的含义

使用 Shine 插件时，可以在其面板上进行参数设置，直至调整成想要的效果，其中参数包括预处理、光芒长度、微光、提升亮度、着色、分形噪波、不透明度等，如图 5-21 所示。

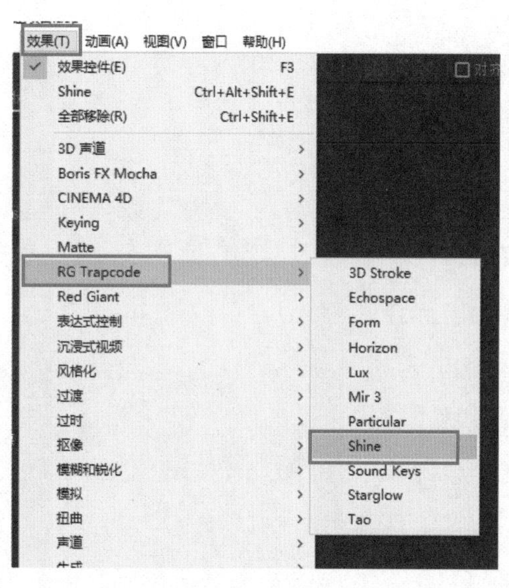

图 5-20　在菜单栏中执行【效果】

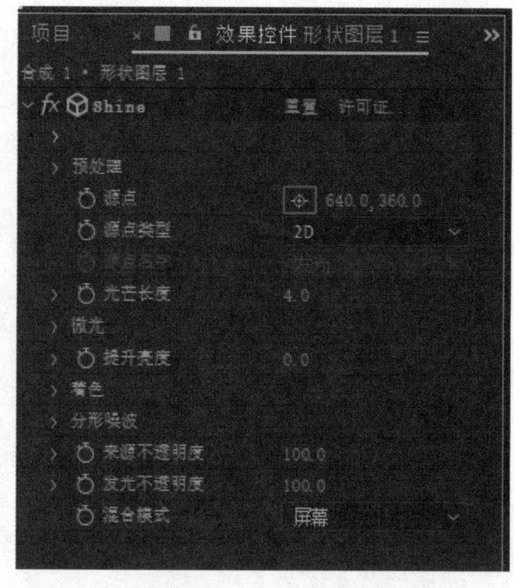

图 5-21　Shine 参数设置

3. Shine 插件的使用技巧

（1）预处理。

①【预处理】：对发光源范围提前进行调整，不影响 Shine 的可视范围。

②【阈值】：隔离出图像中更亮的部分，只有这些部分使用插件生效，数值越大，效果应用范围越小。

③【使用遮罩】：勾选【使用遮罩】后，圆形遮罩半径及遮罩羽化均可调整。

④【源点】：发光源的位置，光向四周发散的中心点。

⑤【源点类型】：2D/3D 灯光类型，可以选择一个二维的点作为发光的源点，或选择一个三维的灯光作为发光的源点，如图 5-22 所示。

⑥【源点名字】：选择灯光的名字。如建立多个同名灯光，识别图层最上面的一盏。灯光名字必须一致，包括大小写字母，如图 5-23 所示。

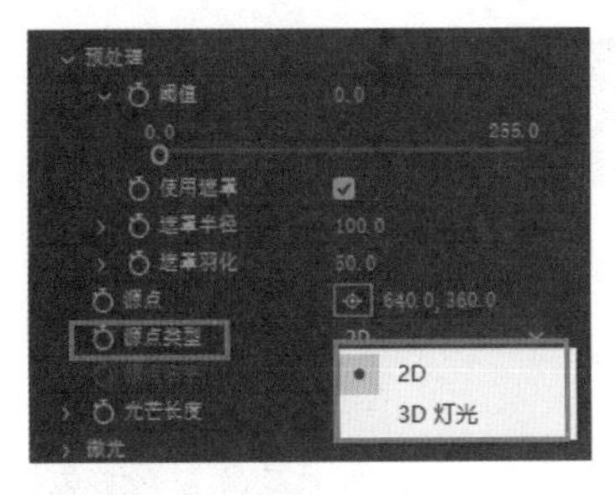

图 5-22　源点类型

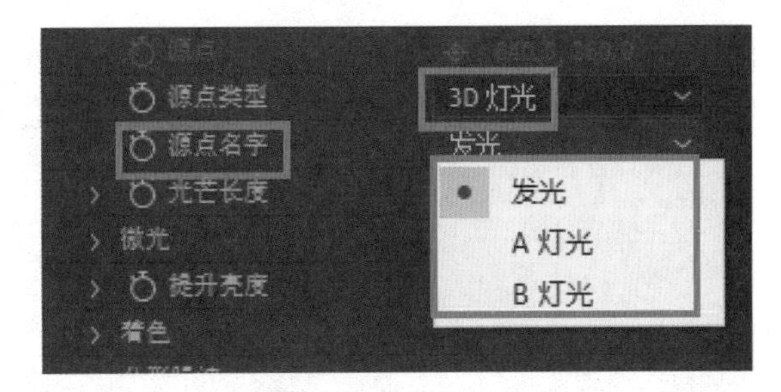

图 5-23　源点名字

（2）光芒长度。

用于调节光发射线的长度，如图 5-24 所示，射线的长短影响渲染时间。

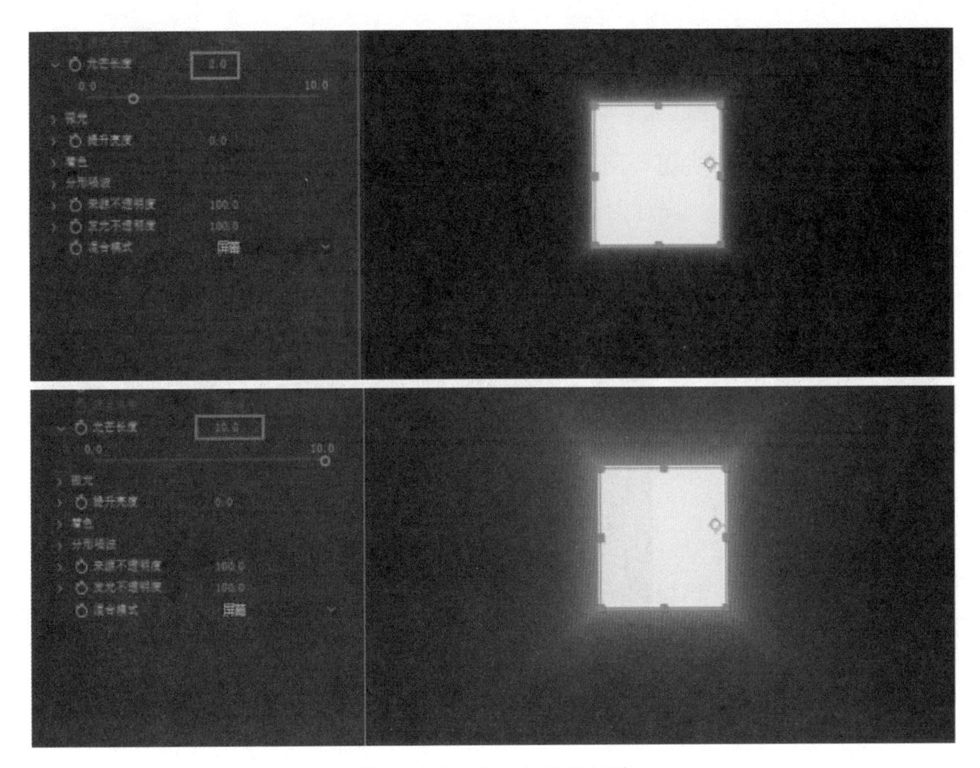

图 5-24　光发射线的长度

（3）微光。

调整参数可增加光线的细节，如图 5-25 所示。

图 5-25　调整参数可增加光线的细节

（4）提升亮度。

提高光效较亮的部分并逐渐扩散范围，数值增加越大，边缘光线越亮，如图 5-26 所示，可用于转场。

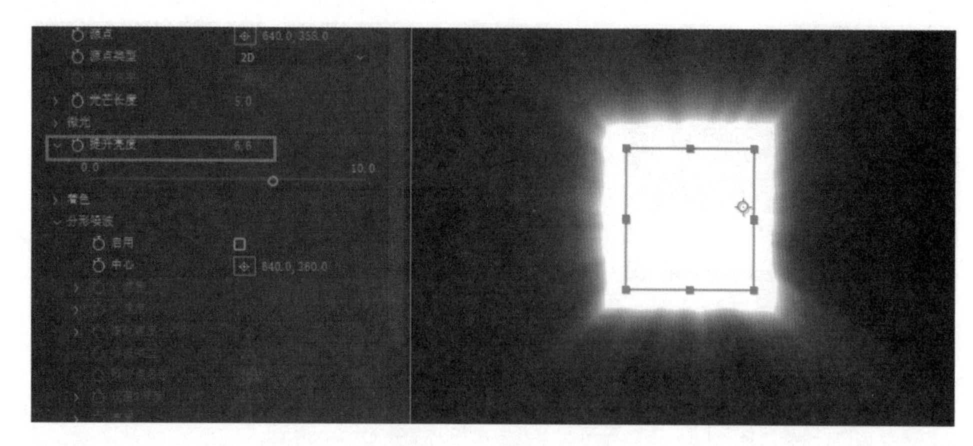

图 5-26　提升亮度

（5）着色。

按照光线的亮度变化给光线赋予颜色。

①【着色模式】：有许多预设颜色可调用，也可选择无，用图像自带颜色进行光线着色等，预设效果的颜色可以进行再次修改，直至效果调整到满意为止，如图 5-27 所示。

②【基于效果产生 Shine 效果】：可选择明度、亮度等效果，如图 5-28 所示。

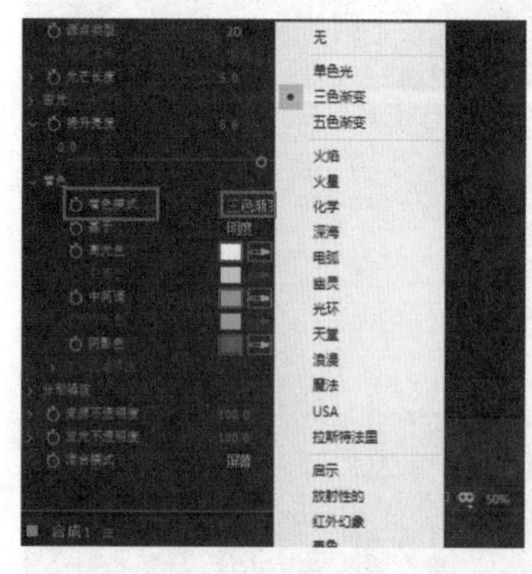

图 5-27　着色模式

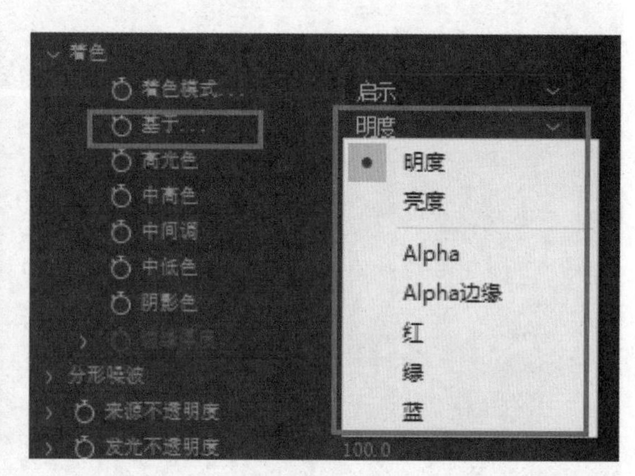

图 5-28　基于效果产生 Shine 效果

（6）分形噪波。

在光线中加入分形噪波，如模拟烟雾效果，自带变化动画等，如图 5-29 所示。

图 5-29　分形噪波

（7）来源不透明度。

用来调节原素材图像在光线中的透明度，如图 5-30 所示。

（8）发光不透明度。

用于光线的不透明度调整，应用的混合模式较多，如图 5-31 所示。

图 5-30　来源不透明度

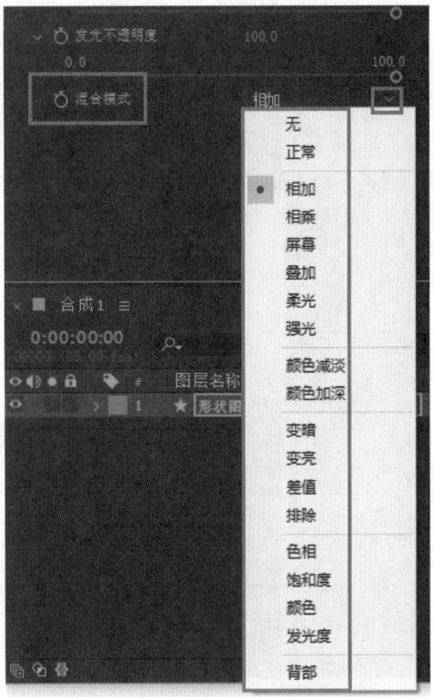

图 5-31　发光不透明度

4. 实训案例：炫酷的霓虹涂鸦特效片头

步骤一：选择【合成】|【新建合成】命令，弹出【合成设置】对话框，将其命名为“霓虹涂鸦效果”，设置其大小比例为 1280px×720px，【持续时间】为 5 秒，如图 5-32 所示。

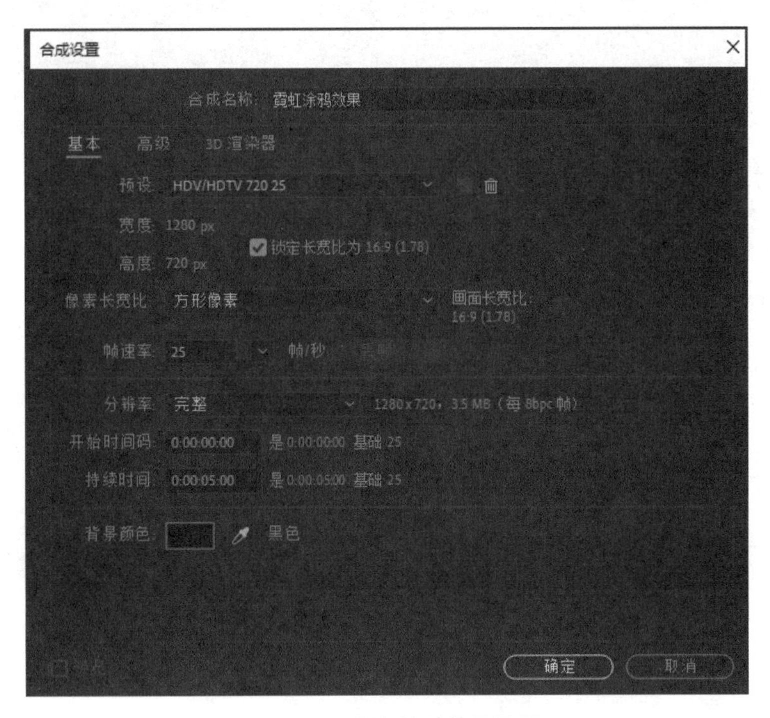

图 5-32　霓虹涂鸦效果设置

步骤二：选中“走向未来”短片素材，将其拖入【时间轴】面板内，准备编辑。

步骤三：单击鼠标右键，在选项中点击【新建】|【形状图层】，如图 5-33 所示，得到名为“形状图形 1”的图层。

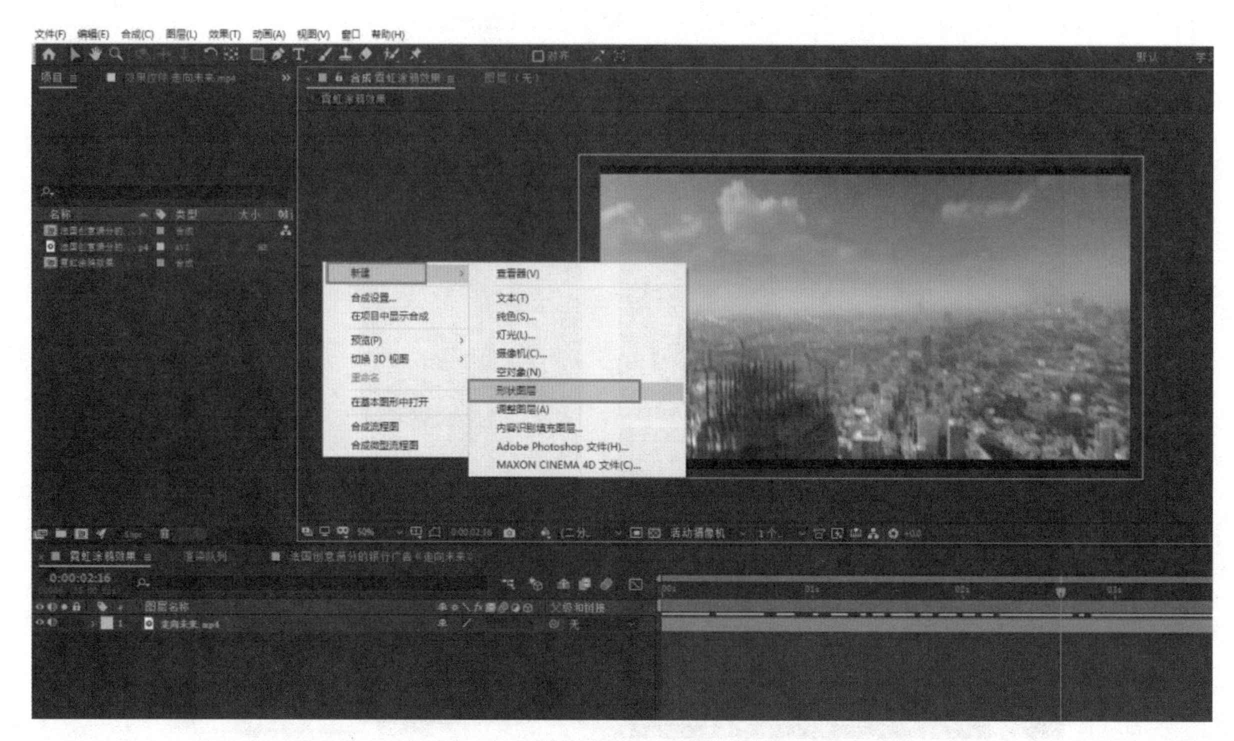

图 5-33　得到名为“形状图形 1”的图层

步骤四：选中形状图层 1，选择菜单工具栏圆角矩形工具，在选项中路径填充为“无”，描边选择纯白色，描边像素为 6，效果如图 5-34 所示，得到圆角矩形形状路径。

图 5-34　得到圆角矩形形状路径

步骤五：复制形状图层 1，将圆角矩形路径按比例缩放，效果如图 5-35 所示。

图 5-35　复制形状图层 1，将圆角矩形路径按比例缩放

步骤六：在菜单栏执行【图层】|【新建】|【文本】，输入“future”字幕，如图 5-36 所示。

图 5-36　输入“future”字幕

步骤七：选中文字图层，单击鼠标右键，执行【创建】|【从文字创建形状】，得到名为“‘future’轮廓”的图层，如图 5-37 所示。

步骤八：选择“future”轮廓图层，在选项中路径填充为“无”，描边选择纯色，描边像素为 6，效果如图 5-38 所示。

图 5-37　从文字创建形状

图 5-38　“future”轮廓图层设置（1）

步骤九：选择“future”轮廓图层，在工具栏选择 为图层添加【修剪路径】命令，点击图层下拉【修剪路径】|【结束】，在时间指示器第 1 帧设置数值为 0，在 1 秒处设置数值为 100，完成路径描边动画，设置如图 5-39 所示。

步骤十：选中“future”轮廓图层，执行【效果】|【RG Trapcode】|【Shine】命令，如图 5-40 所示。

步骤十一：选中“future”轮廓图层，在【效果控件】面板中将【Shine】|【光芒长度】改成 1.0，完成带光效描边路径制作，如图 5-41 所示。

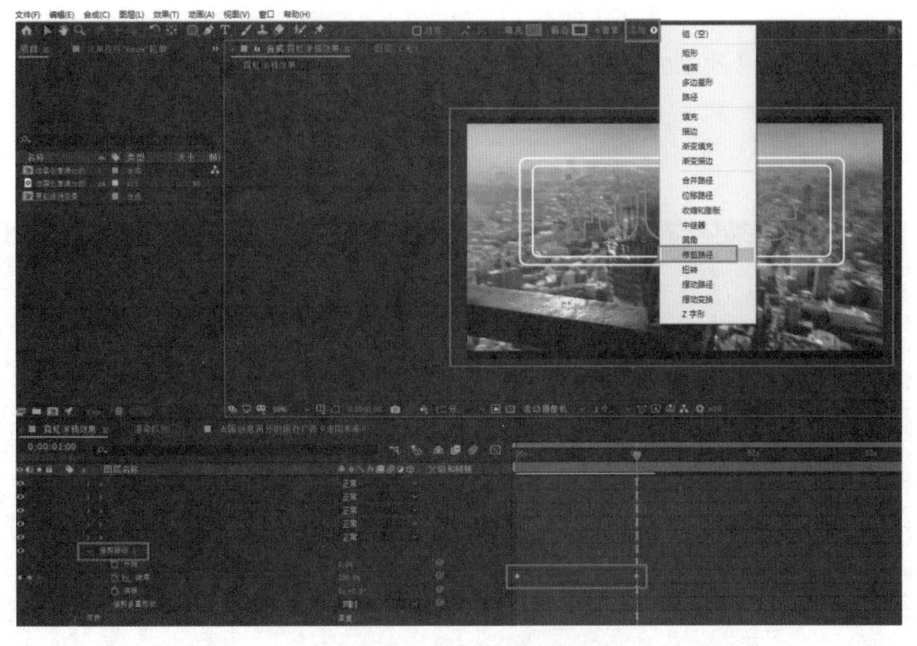

图 5-39 “future”轮廓图层设置（2）

图 5-40 “future”轮廓图层设置（3）

图 5-41 “future”轮廓图层设置（4）

步骤十二：选择 future 图层，执行【效果】|【RG Trapcode】|【Shine】命令，在【效果控件】面板中将【Shine】|【光芒长度】改成 2.0。时间指示器在第 1 帧的时候【源点】位置在“future”文字的左上方，1 秒处在“future”文字的右下方，2 秒处将位置调至图层中心，自动关键帧完成。完成文字扫光效果制作，如图 5-42 所示。

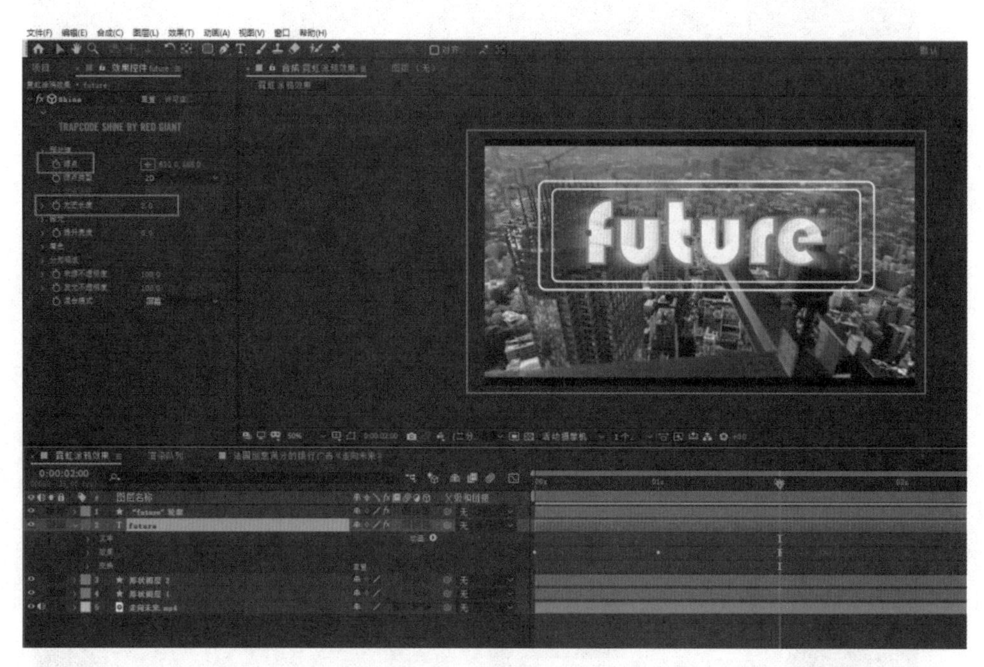

图 5-42 future 图层设置

步骤十三：选择“形状图层 1”图层，在工具栏选择添加为图层添加【修剪路径】命令，点击图层下拉【修剪路径】|【结束】，在时间指示器第 1 帧设置数值为 0，在 1 秒处设置数值为 100，完成路径描边动画，效果如图 5-43 所示。

图 5-43 “形状图层 1”图层设置（1）

步骤十四：选中“形状图层 1”图层，执行【效果】|【RG Trapcode】|【Shine】命令，将 Shine 插件中【光芒长度】改成 1.0，在【着色】面板，将颜色改成合适的颜色，参数设置如图 5-44 所示。

图 5-44　“形状图层 1”图层设置（2）

步骤十五：选择“形状图层 2”图层，在工具栏选择添加为图层添加【修剪路径】命令，点击图层下拉【修剪路径】|【结束】，在时间指示器第 1 帧设置数值为 0，在 1 秒处设置数值为 100，完成路径描边动画，如图 5-45 所示。

图 5-45　“形状图层 2”图层设置（1）

步骤十六：选中“形状图层 2”图层，执行【效果】|【RG Trapcode】|【Shine】命令，将 Shine 插件中【光芒长度】改成 1.0，在【着色】面板，将颜色改成合适的颜色，参数设置如图 5-46 所示。

步骤十七：将“形状图层 2”图层的起始位置移至 1 秒处，将“future”轮廓图层的起始位置移至 2 秒处，将 future 图层的起始位置移至 3 秒处，如图 5-47 所示。至此霓虹涂鸦动画制作完成。

步骤十八：选择【文件】|【保存】命令，保存文件。

步骤十九：在【预览】窗口中单击▶按钮，进行项目预览。预览完成后，选择【合成】|【添加到渲染队列】命令，渲染输出。

图 5-46 “形状图层 2”图层设置（2）

图 5-47 “形状图层 2”图层设置（3）

三、学习任务小结

本次任务学习了 Shine 插件的应用、编辑方法和制作步骤，通过案例制作练习，同学们已经初步掌握了文字与路径工具、Shine 插件的使用技巧。在后期制作、影视特效和图像处理中，Shine 插件常用来做文字或标识光效动画，后期还需要同学们多加练习，提高操作技能。

四、课后作业

（1）每位同学使用文字工具和形状工具完成标识设计，并应用 Shine 插件完成光效动画操作。

（2）运用 Shine 插件制作文字扫光效果。

3D Stroke（3D 描边）滤镜

教学目标

（1）专业能力：掌握 3D Stroke 插件的基本应用知识及技巧。

（2）社会能力：能灵活运用 3D Stroke 插件制作作品。

（3）方法能力：信息和资料的搜集能力、案例分析能力。

学习目标

（1）知识目标：掌握 3D Stroke 插件的运用、3D Stroke 各参数的含义、3D Stroke 插件的使用方法和技巧。

（2）技能目标：能运用 3D Stroke 插件、遮罩、路径绘制进行手写字效果片头制作。

（3）素质目标：能够清晰表达自己设计的过程和思路，具备较好的语言表达能力。

教学建议

1. 教师活动

（1）教师展示课前收集的 3D Stroke 插件设计制作的 aep 源文件，带领学生分析素材文件中添加 3D Stroke 插件制作效果前后的变化。

（2）教师示范 3D Stroke 插件的操作方法，并引导学生分析其制作方法及过程，并应用到自己的练习作品中。

2. 学生活动

观看教师示范 3D Stroke（3D 描边）插件的应用、参数设置的方法，进行课堂练习。

一、学习问题导入

各位同学，大家好！本次课我们一起来学习 RG Trapcode 粒子插件组中 3D Stroke 插件的运用、各参数的含义及使用技巧。

二、学习任务讲解

1. 3D Stroke 插件的运用

3D Stroke是RG Trapcode粒子插件组中的一个3D路径描边插件，一方面，其可以为遮罩、路径等添加笔画，效果与Photoshop中的描边功能类似，但它能为笔画设置关键帧，形成更具个性化的动画效果；另一方面，与After Effects自带的Stroke和Vegas描边效果相比，它支持After Effects的摄像机。因此，3D Stroke插件能运用其强大的控制能力让笔画自由地在三维空间中运动，如移动、旋转、缩放、扭曲等，并绘制一些精美、奇异的几何图形。选中图层，在菜单栏中执行【效果】|【RG Trapcode】|【3D Stroke】命令即可应用到图层上，如图5-48所示。

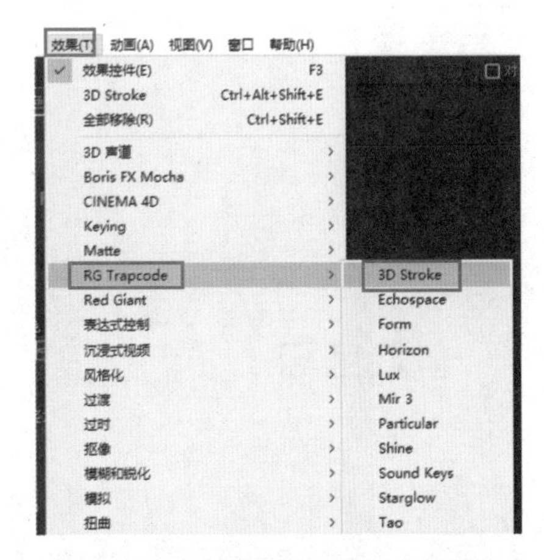

图5-48　在菜单栏中执行【效果】

2. 3D Stroke 各参数的含义

使用3D Stroke插件时，可以在其面板进行参数设置，直至调整成想要的效果，其中参数包括路径、颜色、厚度、羽化、开始、结束、偏移、锥度、变换、中继器、高级设置、摄像机、运动模糊、透明度等，如图5-49所示。

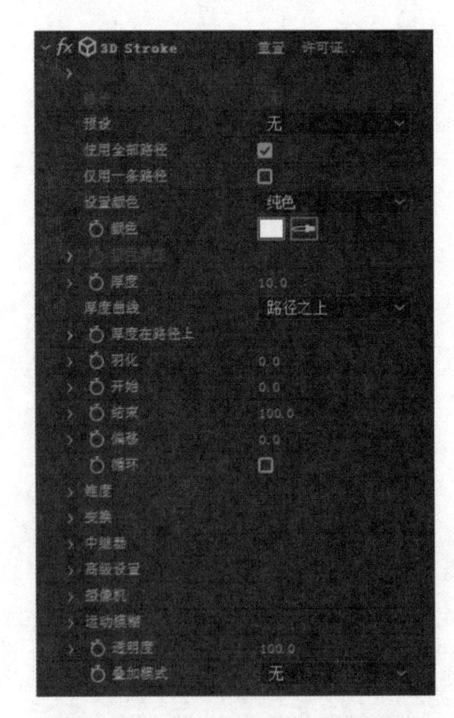
图5-49　3D Stroke 插件参数设置

3. 3D Stroke 插件的使用方法和技巧

（1）路径设置。

3D Stroke的描边路径有三种绘制方式。第一种，【预设】是插件自带的基本圆形、星形、闪电、花瓣等几十种路径样式，可下拉进行选择；第二种，【使用全部路径】在图层中绘制了多条蒙版路径的情况下，将所有路径作为描边路径；第三种，【路径】和【仅使用一条路径】，在图层中绘制了一条或多条蒙版路径的情况下，选择一条路径作为描边路径，如图5-50所示。

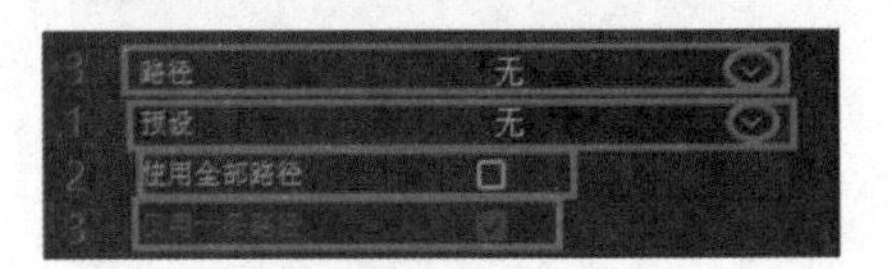
图5-50　3D Stroke 的描边路径三种绘制方式

（2）颜色设置。

根据效果需求，可以对路径进行颜色设置，如果是纯色样式，可以在【颜色】命令中进行颜色设置或吸取；除纯色外，【设置颜色】下拉还有路径之上、跟随偏移、X之上、Y之上、Z之上五种渐变色设置，如图5-51所示。

在【设置颜色】中选择除纯色外的另外五种渐变色时，在【颜色渐变】进行渐变颜色调整，可以双击【颜色标尺】选择颜色，或单击【Randomize】进行随机颜色调整，也可以单击【对调】按钮调换起始颜色，如图5-52所示

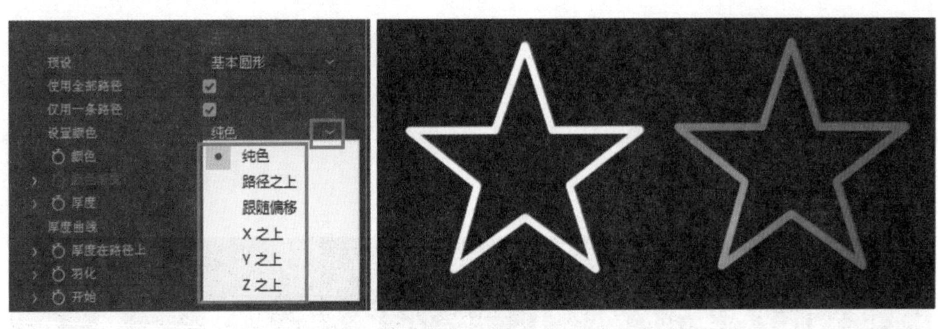

图 5-51　颜色设置

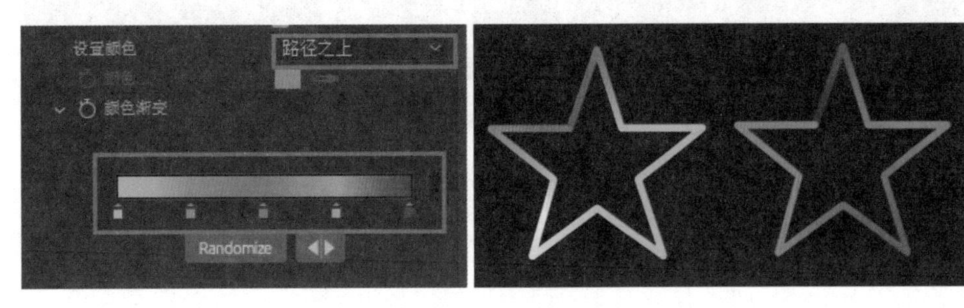

图 5-52　颜色渐变

（3）厚度设置。

【厚度】主要通过调节参数 20.5 设置路径的宽度尺寸；【厚度曲线】可用于调整路径厚度的样式；【厚度在路径上】用于调整厚度不一且随机的路径，可通过【锚点】、【画笔】、【平滑】Smooth、【随机】Randomize、【对调】进行路径变化的调整，如图 5-53 所示。

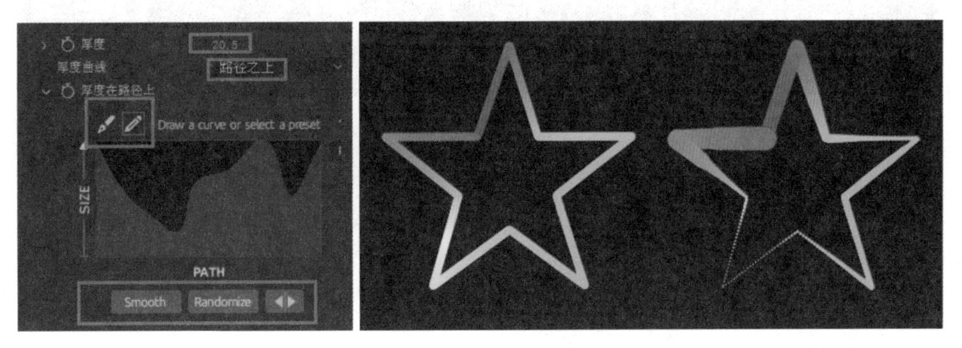

图 5-53　厚度设置

（4）路径基本属性设置。

【羽化】用于调整路径边缘模糊程度。选取路径的局部时，【开始】命令可调整路径的起点，【结束】命令可调整路径的终点，【偏移】则对路径起始点进行整体调整，如图 5-54 所示。

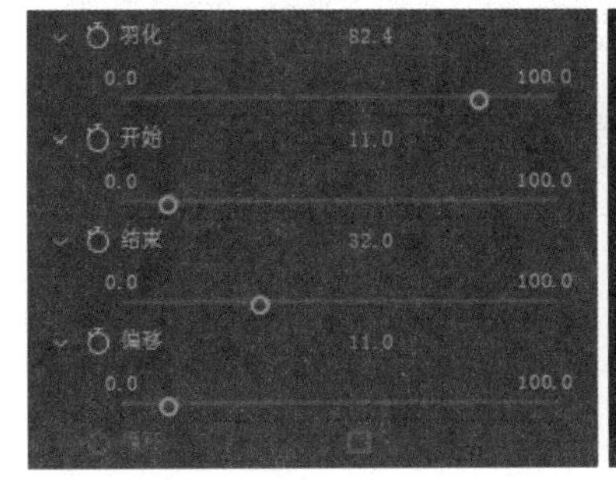

图 5-54　路径基本属性设置

（5）锥度。

【锥度】是丰富路径锥度变化的一种设置，在【启用】锥度效果下，通过调整锥度控制组的起点厚度、终点厚度、锥度开始、锥度结束、开始大小、结束大小、调整方式的参数值制作路径锥度变化效果，如图 5-55 所示。

图 5-55　锥度设置

（6）变换。

【变换】是丰富路径在一个三维空间弯曲变化的一种设置，通过调整变化控制组的弯曲角度、中心点、位置、顺序等制作不同的路径弯曲变化效果，如图 5-56 所示。

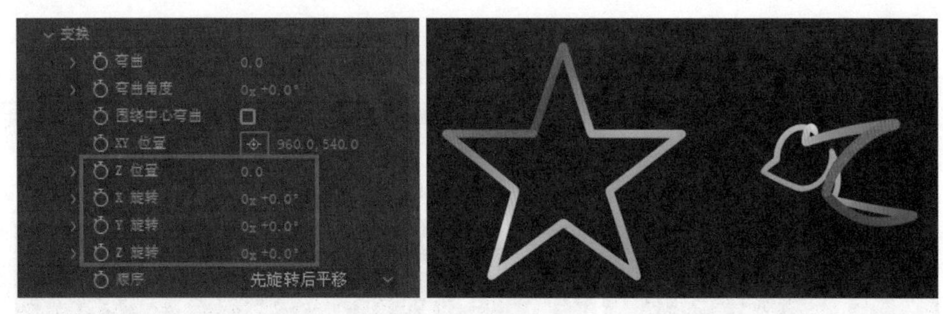

图 5-56　变换设置

（7）中继器。

【中继器】是一个类似于模拟复制路径的设置，默认是不启用的。若需要制作路径复制效果则需要启用，再运用【对称倍增器】和【实例】命令调整路径复制的数量，中继器控制组中的透明度、缩放、位移都作用于复制出来的路径，路径本身不产生影响，如图 5-57 所示。

图 5-57　中继器设置

（8）高级设置。

【高级设置】是一种将实线路径变成点状路径的设置，可通过调整高级设置控制组中的调整步幅、内部不透明度、Alpha 色相、Alpha 亮度等进行效果制作，如图 5-58 所示。

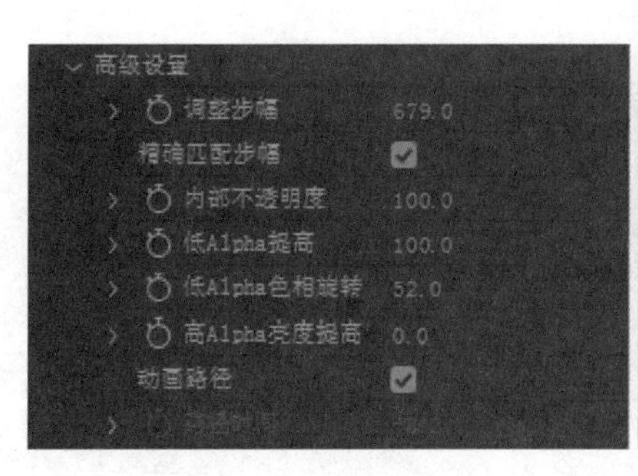

图 5-58　高级设置

（9）摄像机。

【摄像机】用于模拟三维空间，可以对路径进行立体式的变化，3D Stroke 插件对 After Effects 软件摄像机的支持使其区别于软件自带的描边效果，能够制作出更复杂、精美的描边特效。在摄像机控制组中，通过调整其视图模式、剪辑平面、位置、旋转等变化制作路径三维立体变化特效，如图 5-59 所示。

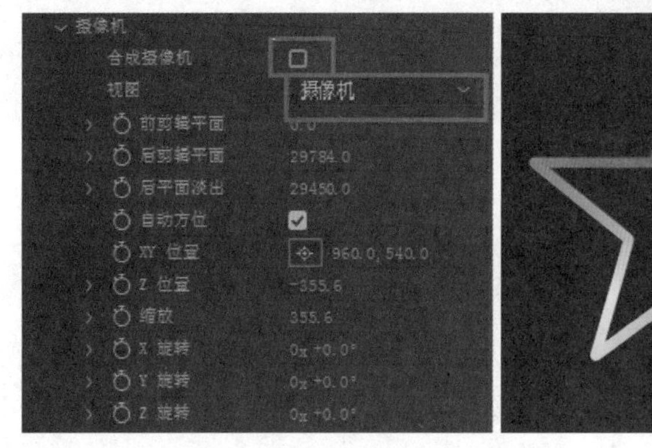

图 5-59　摄像机设置

（10）运动变化。

【运动模糊】用于对描边效果进行后期快门角度、快门相位、级别的设置，可以模拟制作运动模糊的效果，是对效果的一个整体变化设置；【透明度】和【叠加模式】可以对描边效果整体呈现形式进行变化设置，如图 5-60 所示。

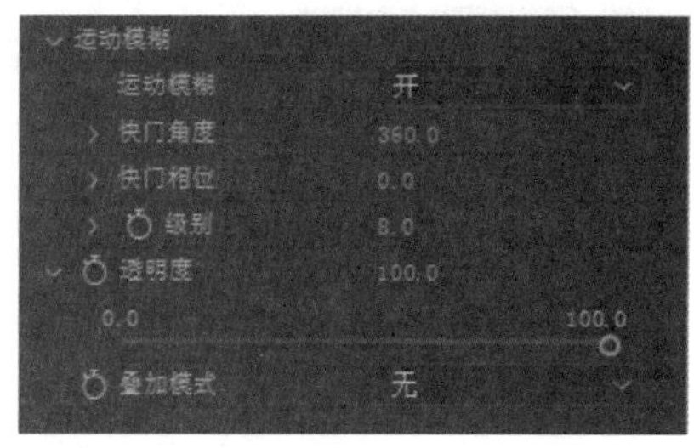

图 5-60　运动变化设置

4. 实训案例：手写效果片头制作

步骤一：在【项目】面板中，单击鼠标右键执行【新建合成】，在弹出的【合成设置】面板中设置【合成名称】为“手写效果片头”，【宽度】为 1920px，【高度】为 1080px，【像素长宽比】为方形像素，【帧速率】为 25 帧 / 秒，【分辨率】为完整，【持续时间】为 12 秒，单击【确定】按钮，如图 5-61 所示。

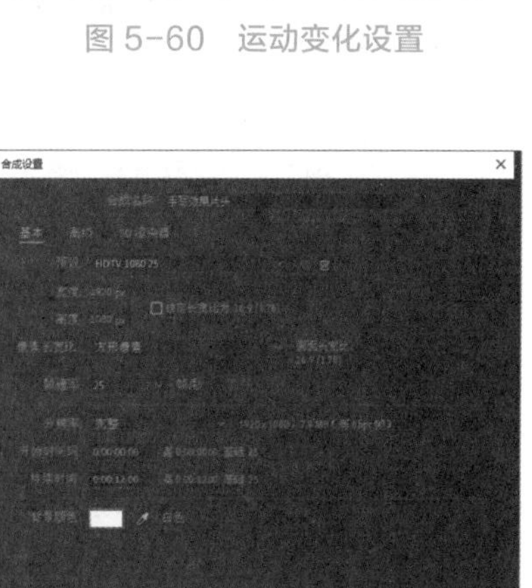

图 5-61　步骤一

步骤二：在【素材】面板双击导入“手写效果片头制作”视频素材，并将视频素材拖曳至合成的【时间轴】面板，如图 5-62 所示。

步骤三：在【时间轴】面板单击鼠标右键执行【新建】|【文本】命令，如图 5-63 所示。

输入影片名称“Love, Rosie”，并在【字符】面板更换字体为“小考拉体”，尺寸 650 像素，竖向间距 60%，横向间距 40%，如图 5-64 所示。

图 5-62　步骤二

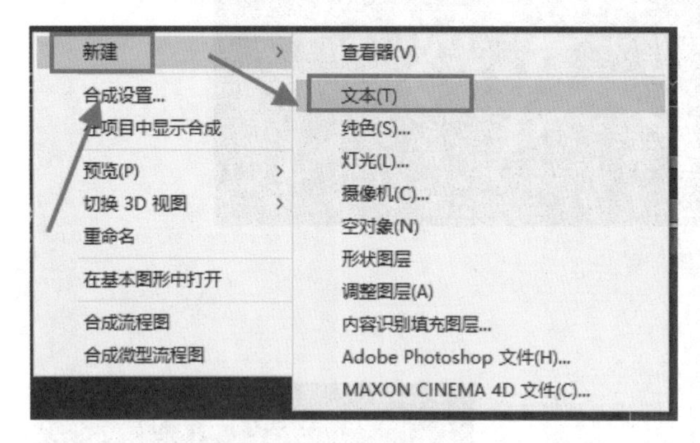

图 5-63　步骤三（1）

图 5-64　步骤三（2）

步骤四：在【时间轴】面板单击鼠标右键新建“纯色”图层，修改【名称】为“手写 L”，【颜色】为黑色，单击【确定】按钮，如图 5-65 所示。

在【时间轴】面板将新建的纯色图层“手写 L”拖曳至文本图层“Love, Rosie”下方，如图 5-66 所示。

在【时间轴】面板选中纯色图层“手写 L”，运用组合键 Ctrl+D，复制九个纯色图层“手写 L”，并依据影片名称“Love, Rosie”依次命名为“手写 o”“手写 v”“手写 e”“手写，”“手写 R”“手写 o”“手写 s”“手写 i”和“手写 e”，如图 5-67 所示。

步骤五：在【时间轴】面板选中纯色图层“手写 L”，并用钢笔工具沿着【合成窗口】的“字母 L”绘制与字母重合的路径，如图 5-68 所示。同时，依次在纯色图层“手写 o”“手写 v”“手写 e”“手写，”“手写 R”“手写 o”“手写 s”“手写 i”和“手写 e”绘制与之重合的路径。

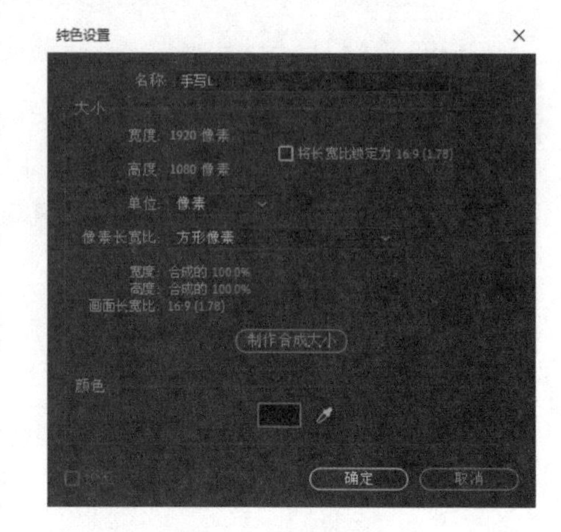

图 5-65　步骤四（1）

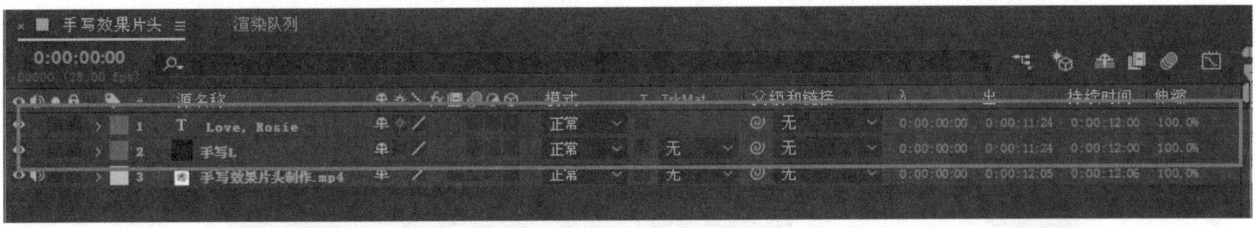

图 5-66　步骤四（2）

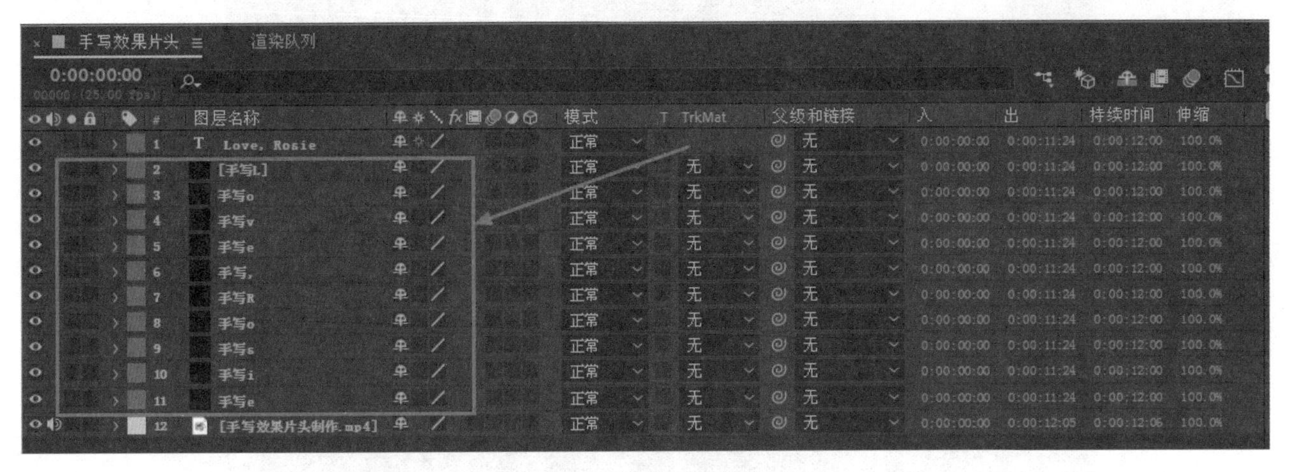

图 5-67　步骤四（3）

图 5-68　步骤五

步骤六：在【时间轴】面板选中纯色图层“手写 L”，在菜单栏中执行【效果】|【RG Trapcode】|【3D Stroke】命令，如图 5-69 所示。

在【时间轴】面板将文字图层“Love, Rosie”关闭，在纯色图层“手写 L”【效果控件】中对【3D Stroke】参数进行动画设置，【结束】关键帧设置为第 0 秒为“0”，第 2 秒为“100”；启动【锥度】控制组，【起点厚度】关键帧设置为第 0 秒为“0”，第 2 秒为“100”；【终点厚度】关键帧设置为第 0 秒为“50”，第 2 秒为“100”；【锥度开始】和【锥度结束】参数改为 100；启动【变换】控制组，【XY 位置】在第 2 秒设置关键帧为“960，540”，第 0 秒在原位置进行错位效果制作，在原位置基础上 X、Y 轴减少 20，关键帧为“940，520”；启动【中继器】控制组，关闭【对称倍增器】，【实例】参数为“1”，【不透明度】参数为“6”，【X 轴位移】参数为“–25”，如图 5-70 所示。

图 5-69　步骤六（1）

图 5-70　步骤六（2）

步骤七：在【时间轴】面板选中十个纯色图层，单击鼠标右键并执行【时间】|【时间伸缩】|【新持续时间】命令，将持续时间改为 2 秒，单击【确认】，如图 5-71 所示。

图 5-71　步骤七（1）

在【时间轴】面板选中纯色图层“手写 L”，按快捷键 U 展开具有关键帧的属性，并将结束的关键帧选中拖曳至 2 秒的位置，如图 5-72 所示。

图 5-72　步骤七（2）

在【时间轴】面板选中纯色图层“手写 L”，在【效果控件】面板单击【3D Stroke】，使用组合键 Ctrl+C 复制【3D Stroke】效果；在【时间轴】面板选中纯色图层“手写 o”“手写 v”“手写 e”“手写，”“手写 R”“手写 o”“手写 s”“手写 i”和“手写 e”，在时间轴 0 秒处，使用组合键 Ctrl+V，将【3D Stroke】效果粘贴赋予九个纯色图层，如图 5-73 所示。

图 5-73　步骤七（3）

步骤八：在【合成窗口】预览动画效果，根据预览效果，逐一调整纯色图层“手写 L”“手写 o”“手写 v”“手写 e”“手写，”“手写 R”“手写 o”“手写 s”“手写 i”和“手写 e”【3D Stroke】效果【中继器】控制组的【X 轴位移】和【Y 轴位移】参数，使其复制的路径不会出现明显的错位偏离。在纯色图层“手写 R”【效果控件】面板执行【3D Stroke】|【中继器】，【X 轴位移】调整为“–10”；在纯色图层“手写 o”【效果控件】面板执行【3D Stroke】|【中继器】，【X 轴位移】调整为“5”，【Y 轴位移】调整为“10”；在纯色图层“手写 S”【效果控件】面板执行【3D Stroke】|【中继器】，【X 轴位移】调整为“15”；在纯色图层“手写 i”【效果控件】面板执行【3D Stroke】|【中继器】，【X 轴位移】调整为“25”；在纯色图层“手写 e”【效果控件】面板执行【3D Stroke】|【中继器】，【X 轴位移】调整为“30”，如图 5-74 所示。

图 5-74　步骤八

步骤九：在【时间轴】面板选中十个纯色图层，在菜单栏中执行【动画】|【关键帧辅助】|【序列图层】命令，开启重叠☑重叠，持续时间为 1 秒，单击【确定】，如图 5-75 所示。

图 5-75　步骤九（1）

在【时间轴】面板选中十个纯色图层，在任意一个图层的最后一帧进行拖曳拉伸持续时间至结束，如图 5-76 所示。

步骤十：在【合成】窗口预览动画效果，按快捷键 Ctrl+M 进入渲染队列，单击【输出到:】调整文件保存路径及命名，单击【渲染】，等待渲染输出视频，如图 5-77 所示。

图 5-76 步骤九（2）

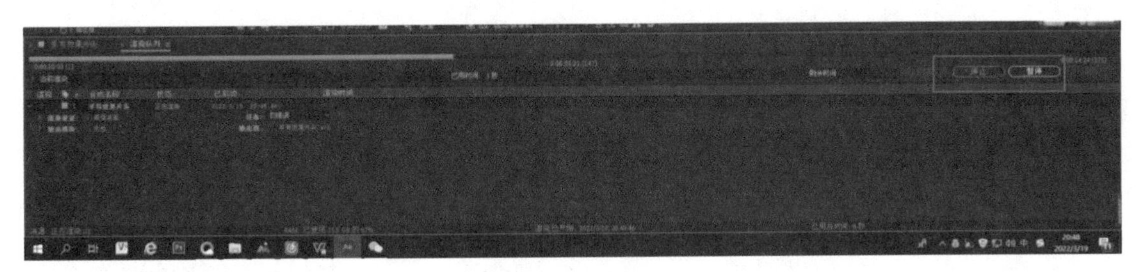

图 5-77 步骤十

三、学习任务小结

本次任务学习了 3D Stroke 插件的应用和 3D Stroke 插件参数设置的方法和步骤，通过案例制作练习，同学们已经初步掌握了 3D Stroke 插件的使用技巧。在后期制作、影视特效和图像处理中，利用 3D Stroke 插件能制作出绚丽的描边效果，后期还需要同学们多加练习，提高操作技能。

四、课后作业

每位同学使用 3D Stroke 插件完成三维空间线条感和流动性强的文字特效动画，分别应用 3D Stroke 插件中的【路径】、【颜色】、【厚度】、【摄像机】和【高级设置】等面板进行练习巩固。

拓展任务 商业综合实训

参考文献

[1] 刘强，张天骐 . ADOBE AFTER EFFECTS CC 标准培训教材 [M]. 北京：人民邮电出版社，2015.

[2] 唯美世界，曹茂鹏 . 中文版 After Effects 2021 从入门到实战（全两册）[M]. 北京：中国水利水电出版社，2021.

[3] 王玉军，邹志龙 . After Effects CC 核心应用案例教程 [M]. 北京：人民邮电出版社，2021.

[4] 张高萍，王洪江 . 中文版 After Effects CC 从入门到精通 [M]. 北京：人民邮电出版社，2021.

[5] 董浩 . After Effects 特效合成完全攻略 [M]. 北京：清华大学出版社，2016.